RÉPUBLIQUE FRANÇAISE

PRÉFECTURE DE LA SEINE

DIRECTION DE L'HYGIÈNE, DU TRAVAIL ET DE LA PRÉVOYANCE SOCIALE

SERVICE DE LA STATISTIQUE MUNICIPALE

RECUEIL DE STATISTIQUE
DE LA VILLE DE PARIS
ET DU
DÉPARTEMENT DE LA SEINE

1919

ÉPIDÉMIE DE GRIPPE A PARIS

30 juin 1918 — 26 avril 1919

PARIS
IMPRIMERIE DES BEAUX-ARTS
79, RUE DAREAU, 79

LA GRIPPE A PARIS EN 1918-1919

INTRODUCTION

La grippe qui a fait son apparition dans la plupart des pays d'Europe au cours du second semestre 1918, a causé de très nombreuses victimes. Pour sa part, Paris a payé un lourd tribut à l'épidémie pendant la longue période où elle s'est manifestée de juillet-août 1918 à mars-avril 1919, soit dix mois consécutifs.

Mais c'est du 1er septembre 1918 au 29 mars 1919 qu'elle a sévi avec le plus d'intensité. Pendant ces sept mois, elle a occasionné 10059 décès dont 8 289 personnes domiciliées à Paris et 1 770 domiciliées au dehors.

La mortalité la plus forte a été constatée durant les cinq semaines qui se sont écoulées du 6 octobre au 9 novembre 1918 avec un maximum de 1 473 décès du 20 au 26 octobre, soit plus de 210 par jour.

Aussi a-t-il paru intéressant d'étudier la marche de cette épidémie d'après les constatations publiées au Bulletin hebdomadaire de Statistique de la Ville de Paris.

Cette étude est purement municipale; toutefois la fusion est si profonde entre les populations urbaine et suburbaine, qu'elle ne sera complète que si elle est étendue ultérieurement aux communes du département de la Seine.

D'un autre côté, il est souhaitable que les services nationaux de statistique procèdent à une étude semblable pour toute la France où la grippe s'est généralisée et en comparent les résultats avec ceux que ne manqueront pas de publier les pays étrangers également éprouvés par cette maladie (Angleterre, Espagne, Italie, Suisse).

***

On a parfois évoqué à son propos l'épidémie d'influenza de 1889-1890.

Cette dernière a été étudiée, pour Paris, par M. le docteur Jacques Bertillon, alors chef des travaux de statistique de la ville de Paris, dans l'*Annuaire* de 1890, pages 101 à 131. Peu caractérisée à l'époque de son apparition, en décembre 1889, elle n'a donné lieu, sous son vocable, qu'à la constatation d'un très petit nombre de décès, à peine 250. L'observation a porté sur l'ensemble des décès par principales causes avec rapport *probable* à la grippe.

M. Bertillon s'est attaché à mettre en lumière l'action concurrente de cette maladie aggravant des affections aiguës ou chroniques déjà existantes au point de hâter et de provoquer la mort.

Au contraire, dans le phénomène 1918-1919, la grippe est bien définie et mentionnée sous le n° 10 de la nomenclature des causes de décès arrêtées par la Commission internationale de 1909. Elle est diagnostiquée par les médecins de l'état civil dans 10281 cas, du 30 juin 1918 au 26 avril 1919.

Toutefois, on examinera dans un chapitre spécial son action sur les autres causes de décès.

De même sa durée, qui n'a été que de six semaines en 1889-1890, est de dix mois en 1918-1919.

Il ne semble donc pas qu'il y ait lieu d'établir de parallèle, au point de vue parisien, entre les deux époques d'invasion grippale pour les raisons suivantes :

1° Notation insuffisante de la grippe en 1889-90 ;

2° Faible durée de la première manifestation relativement à la seconde ;

3° Manque de précision sur le caractère grippal des décès notés sous toutes rubriques et attribués pour partie à la grippe en 1890 ;

4° Différence considérable entre le nombre de décès attribués à la grippe en 1918-1919 (10281) et le nombre de décès en même nature constatés en 1889-90 (250).

∴

On a adopté, pour l'étude de la grippe en 1918-1919, le plan suivant :

CHAPITRE Ier

Décès constatés à Paris causés par la grippe (cause n° 10 de la N. I. D.) par semaine, du 30 juin 1918 (27e semaine de 1918) au 26 avril 1919 (17e semaine de 1919) :

1° Domiciliés à Paris ;
2° Domiciliés hors Paris.

On a tenu compte à cet égard de divers éléments :

Température et pluie ;
Age et sexe ;
Quartiers et arrondissements ;
Professions ;
Lieu du décès.

CHAPITRE II

a. Influence de l'épidémie sur les causes principales de décès autres que la grippe pendant la même période du 30 juin 1918 au 26 avril 1919.

Comparaison dans chaque grande catégorie de causes avec la moyenne des dix dernières années.

Relevé par semaine des décès par grippe rapportés aux nombres de décès pour toutes causes.

[illegible]

Numéros	Semaine du	au	Nombre de décès constatés pour toutes causes — Domiciliés à Paris	Domiciliés hors Paris	Totaux	Nombre de décès constatés causés par grippe — Domiciliés à Paris	Domiciliés hors Paris	Totaux	Sur [illegible] décès [illegible] — Domiciliés à Paris	Domiciliés hors Paris	Ensemble	Observations
	1918											
27	[illegible] juin	6 juillet	[illegible]	[illegible]	[illegible]	[illegible]	[illegible]	[illegible]	[illegible]	[illegible]	[illegible]	
28	7 juillet	13 —	[illegible]	[illegible]	[illegible]	[illegible]	[illegible]	[illegible]	[illegible]	[illegible]	[illegible]	
29	14 —	20 —	[illegible]	121	[illegible]	11	[illegible]	[illegible]	[illegible]	[illegible]	[illegible]	
30	21 —	27 —	[illegible]	[illegible]	[illegible]	6	1	[illegible]	[illegible]	[illegible]	[illegible]	
31	28 —	3 août	[illegible]	[illegible]	[illegible]	[illegible]	1	[illegible]	[illegible]	[illegible]	[illegible]	
32	4 août	10 —	[illegible]	[illegible]	[illegible]	[illegible]	[illegible]	[illegible]	[illegible]	[illegible]	[illegible]	
33	11 —	17 —	[illegible]	[illegible]	[illegible]	[illegible]	[illegible]	[illegible]	[illegible]	[illegible]	[illegible]	
34	18 —	24 —	[illegible]	[illegible]	[illegible]	[illegible]	[illegible]	[illegible]	[illegible]	[illegible]	[illegible]	
35	25 —	31 —	[illegible]	[illegible]	[illegible]	[illegible]	[illegible]	[illegible]	[illegible]	[illegible]	[illegible]	
36	1er septembre	7 septembre	[illegible]	[illegible]	[illegible]	[illegible]	[illegible]	[illegible]	[illegible]	[illegible]	[illegible]	
37	8 —	14 —	718	[illegible]	[illegible]	[illegible]	[illegible]	[illegible]	[illegible]	[illegible]	[illegible]	
38	15 —	21 —	[illegible]	[illegible]	[illegible]	[illegible]	11	[illegible]	[illegible]	[illegible]	[illegible]	
39	22 —	28 —	[illegible]	[illegible]	[illegible]	[illegible]	[illegible]	[illegible]	[illegible]	[illegible]	[illegible]	
40	29 —	5 octobre	[illegible]	[illegible]	[illegible]	[illegible]	[illegible]	[illegible]	[illegible]	[illegible]	[illegible]	
41	6 octobre	12 —	[illegible]	[illegible]	[illegible]	[illegible]	[illegible]	[illegible]	[illegible]	[illegible]	[illegible]	
42	13 —	19 —	[illegible]	[illegible]	[illegible]	[illegible]	[illegible]	[illegible]	[illegible]	[illegible]	[illegible]	
43	20 —	26 —	[illegible]	[illegible]	[illegible]	[illegible]	[illegible]	[illegible]	[illegible]	[illegible]	[illegible]	
44	27 —	2 novembre	[illegible]	[illegible]	[illegible]	[illegible]	[illegible]	[illegible]	[illegible]	[illegible]	[illegible]	
45	3 novembre	9 —	[illegible]	[illegible]	[illegible]	[illegible]	[illegible]	[illegible]	[illegible]	[illegible]	[illegible]	
46	10 —	16 —	[illegible]	[illegible]	[illegible]	[illegible]	[illegible]	[illegible]	[illegible]	[illegible]	[illegible]	
47	17 —	23 —	[illegible]	[illegible]	[illegible]	176	[illegible]	226	[illegible]	[illegible]	[illegible]	
48	24 —	30 —	[illegible]	[illegible]	[illegible]	194	[illegible]	[illegible]	[illegible]	[illegible]	[illegible]	
49	1er décembre	7 décembre	[illegible]	[illegible]	[illegible]	[illegible]	[illegible]	[illegible]	[illegible]	[illegible]	[illegible]	
50	8 —	14 —	[illegible]	[illegible]	[illegible]	171	[illegible]	221	[illegible]	[illegible]	[illegible]	
51	15 —	21 —	[illegible]	[illegible]	[illegible]	[illegible]	[illegible]	[illegible]	[illegible]	[illegible]	[illegible]	
52	22 —	28 —	[illegible]	[illegible]	1 097	162	[illegible]	[illegible]	[illegible]	[illegible]	[illegible]	
Ensemble de 1918			26 462	[illegible]	[illegible]	6 207	[illegible]	[illegible]	[illegible]	[illegible]	[illegible]	
	1919											
1	29 déc. 1918	4 janv. 1919	[illegible]	152	[illegible]	[illegible]	[illegible]	[illegible]	[illegible]	[illegible]	[illegible]	
2	5 janv. 1919	11 —	1 046	211	[illegible]	134	[illegible]	[illegible]	[illegible]	[illegible]	[illegible]	
3	12 —	18 —	[illegible]	174	[illegible]	[illegible]	[illegible]	[illegible]	[illegible]	[illegible]	[illegible]	
4	19 —	25 —	[illegible]	[illegible]	1 182	[illegible]	[illegible]	[illegible]	[illegible]	[illegible]	[illegible]	
5	26 —	1er février	[illegible]	[illegible]	1 162	[illegible]	[illegible]	[illegible]	[illegible]	[illegible]	[illegible]	
6	2 février	8 —	1 211	[illegible]	[illegible]	[illegible]	[illegible]	[illegible]	[illegible]	[illegible]	[illegible]	
7	9 —	15 —	1 457	[illegible]	[illegible]	[illegible]	[illegible]	[illegible]	[illegible]	[illegible]	[illegible]	
8	16 —	22 —	[illegible]	[illegible]	[illegible]	[illegible]	[illegible]	[illegible]	[illegible]	[illegible]	[illegible]	
9	23 —	1er mars	[illegible]	[illegible]	[illegible]	[illegible]	[illegible]	[illegible]	[illegible]	[illegible]	[illegible]	
10	2 mars	8 —	1.440	[illegible]	[illegible]	[illegible]	[illegible]	[illegible]	[illegible]	[illegible]	21 722	
11	9 —	15 —	1 133	[illegible]	[illegible]	161	[illegible]	[illegible]	[illegible]	[illegible]	[illegible]	
12	16 —	22 —	[illegible]	[illegible]	[illegible]	[illegible]	[illegible]	[illegible]	[illegible]	[illegible]	[illegible]	
13	23 —	29 —	[illegible]	[illegible]	[illegible]	[illegible]	[illegible]	[illegible]	[illegible]	[illegible]	[illegible]	
14	30 —	5 avril	[illegible]	[illegible]	[illegible]	[illegible]	[illegible]	[illegible]	[illegible]	[illegible]	[illegible]	
15	6 avril	12 —	[illegible]	[illegible]	[illegible]	[illegible]	[illegible]	[illegible]	[illegible]	[illegible]	[illegible]	
16	13 —	19 —	[illegible]	126	[illegible]	[illegible]	[illegible]	[illegible]	[illegible]	[illegible]	[illegible]	
17	20 —	26 —	[illegible]	[illegible]	[illegible]	[illegible]	1	16	[illegible]	[illegible]	[illegible]	
Ensemble de 1919			[illegible]	[illegible]	[illegible]	[illegible]	[illegible]	[illegible]	[illegible]	[illegible]	[illegible]	
Totaux			[illegible]	[illegible]	[illegible]	[illegible]	[illegible]	[illegible]	[illegible]	[illegible]	[illegible]	

Décès par mois, toutes causes réunies, pendant les années 1908 à 1917.

TABLEAU 2.

ANNÉES	Janvier.	Février.	Mars.	Avril.	Mai.	Juin.	Juillet.	Août.	Septembre.	Octobre.	Novembre.	Décembre.	Totaux.
1908	[illegible] 139	4 271	4.682	4.670	4.214	3.670	4 302	3 [illegible]	3.21[illegible]	[illegible] 498	3 [illegible]	4 070	48.166
1909	4 928	4.[illegible]	[illegible]	4.[illegible]	4 380	6.342	3.449	3.379	3 134	3 375	3.732	4 163	48.104
1910	4 1[illegible]	[illegible]	4.427	4 5[illegible]	4 193	3 534	3 539	3.247	3 229	3.[illegible]	4.689	3.892	[illegible]
1911	4 961	4 199	4 243	4.247	4 192	3 537	4.296	4.134	3 671	3 7[illegible]	3 [illegible]	3.963	48.942
1912	[illegible]	4.582	4 460	4 454	4 520	3 656	3.[illegible]	3.100	3 [illegible]	4 478	[illegible]	4.321	47.080
1913	[illegible]	3 924	[illegible]	4 152	4 [illegible]	3 [illegible]	3.494	3 [illegible]	[illegible]	[illegible] 370	3.264	4 [illegible]	46.624
1914	4 766	4 [illegible]	[illegible]	4 [illegible]	4.096	3.7[illegible]	3 289	3 271	[illegible]	3 314	[illegible]	3.76[illegible]	45.972
1915	4 147	3 914	4 [illegible]	4.[illegible]	3 77[illegible]	3 1[illegible]	2 976	3 027	2 7[illegible]	3 [illegible]	3.[illegible]	3.73[illegible]	43.[illegible]
1916	[illegible]	[illegible]	4 [illegible]	4 6[illegible]	3 762	3 213	2 [illegible]	2 828	2 [illegible]	2.987	3 33[illegible]	4 679	44.[illegible]
1917	4 294	6.141	[illegible]	4.294	3 6[illegible]	3 1[illegible]	2 [illegible]	2 646	2 [illegible]	3 150	3.133	3 [illegible]	44.307
Ensemble des 10 années	44 950	42.[illegible]	[illegible]	44 07[illegible]	40.932	[illegible]	[illegible] 126	32 [illegible]	[illegible]	[illegible]	[illegible]	[illegible]	[illegible]
Moyenne	4 [illegible]	4.269.1	[illegible]	4 407,[illegible]	[illegible]	3.47[illegible]	4.412,0	3 [illegible]	[illegible]	[illegible]	[illegible]	[illegible]	45.[illegible]

Décès par mois causés par la grippe dans les années 1908 à 1917.

TABLEAU 2 *bis*.

ANNÉES	Janvier.	Février.	Mars.	Avril.	Mai	Juin	Juillet	Août.	Septembre	Octobre.	Novembre	Décembre	Totaux.
1908	2[illegible]	2[illegible]	22	44	18	1	[illegible]	1	[illegible]	[illegible]	11	14	171
1909	2[illegible]	49	94	[illegible]	19	6	4	[illegible]	1	[illegible]	[illegible]	16	272
1910	12	19	23	21	11	4	1	1	1	[illegible]	[illegible]	19	126
1911	[illegible]	76	2[illegible]	12	13	1	[illegible]	–	[illegible]	[illegible]	[illegible]	10	229
1912	1[illegible]	19	1[illegible]	1[illegible]	15	[illegible]	[illegible]	1	[illegible]	[illegible]	6	62	142
1913	42	2[illegible]	41	1[illegible]	[illegible]	6	4	2	[illegible]	[illegible]	[illegible]	15	160
1914	[illegible]	[illegible]	29	20	11	6	1	1	1	[illegible]	[illegible]	10	138
1915	17	43	19	9	12	4	[illegible]	1	[illegible]	[illegible]	[illegible]	6	90
1916	[illegible]	16	51	3[illegible]	6	6	[illegible]	[illegible]	[illegible]	4	3	62	192
1917	2[illegible]	[illegible]	23	10	–	[illegible]	[illegible]	[illegible]	[illegible]	[illegible]	[illegible]	6	127
Ensemble des 10 années	2[illegible]4	441	3[illegible]	22[illegible]	111	[illegible]	2[illegible]	7	8	40	63	198	1.065
Moyenne	2[illegible]	43.1	3[illegible]	22,[illegible]	11,1	[illegible]	2,[illegible]	0,7	0,8	4,0	6,3	19,8	106,5

CHAPITRE Ier

DÉCÈS CAUSÉS A PARIS PAR LA GRIPPE DU 30 JUIN 1918 AU 26 AVRIL 1919

I. — Considérations générales.

Le tableau n° 1 fait ressortir :

1° Le nombre des décès pour toutes causes constatés par semaine ;

2° Le nombre de ces décès attribués à la grippe ;

3° Le pourcentage des décès imputables à la grippe, par rapport au nombre total dans chacune des périodes : 30 juin — 28 décembre 1918 et 29 décembre 1918 — 26 avril 1919.

Le nombre total des décès pour les six derniers mois de l'année 1918 est de 32750, dont 26962 personnes étaient domiciliées à Paris. Or, la moyenne des dix dernières années (tableau n° 2) dans la période correspondante n'est que de 20551 pour les domiciliés à Paris, soit une différence en moins de 6411.

Cet accroissement de la mortalité est surtout dû à la grippe. Alors que pour le même semestre envisagé, on ne compte dans la période décennale antérieure que 34 décès (en chiffres ronds) par an, en 1918, 6207 lui sont imputables. D'où une augmentation de 6173, inférieure de 238 unités seulement à l'augmentation globale constatée.

De ce que la mortalité pour toutes autres causes ne s'est accrue en 1918 par rapport à la moyenne décennale antérieure que dans une si faible proportion, il serait imprudent de conclure que la grippe est restée sans effet sur les autres causes, et on examinera ce point dans le second chapitre.

Les mêmes observations pour la période du 29 décembre au 26 avril donnent les résultats suivants :

Moyenne annuelle des décès 1908-1917	17.885

se décomposant en :

Décès attribués à la grippe	118
et en décès pour toutes autres causes	17.767

Pendant l'année 1919 :

Nombre global de décès	19.512

se décomposant en :

Décès pour grippe	2.268
et en décès pour toutes autres causes	17.244

d'où une diminution de cette dernière catégorie de 523.

Le graphique n° 1 montre que sauf une poussée de la 7e à la 12e semaine de 1919, l'épidémie est en décroissance rapide depuis la 46e semaine de 1918.

Comment, dans ces conditions, expliquer la diminution si notable de la mortalité pour toutes autres causes ?

Deux hypothèses peuvent être émises :

a) Ou la grippe dans sa période critique des 42e, 43e et 44e semaines de 1918 s'est superposée chez les chroniques aux maladies nées et avancées, et a précipité la fin des malades en état de résistance moindre ;

b) Ou la grippe est restée sans action sur les autres affections.

Le pourcentage des décès causés par la grippe en 1918-1919 comparé à celui de la période décennale précédente 1908-1917 révèle la gravité de l'épidémie. Le tableau 2 indique le nombre mensuel des décès, toutes causes réunies, de 1908 à 1917 et le tableau 2 bis relate les décès dûs à la grippe pendant les mêmes mois. Il ressort que sur 459798 décès, 1665 sont imputables pendant cette période à cette affection, soit, pour 100 décès :

$$\frac{1\,665 \times 100}{459\,798} = 0.362.$$

Le tableau n° 1, d'autre part, montre semaine par semaine le rapport entre la mortalité globale et la mortalité par grippe. La moyenne de juillet à décembre 1918 ressort pour Paris à 23,025 p. 100, celle de janvier à avril 1919 à 11,622 p. 100, donnant pour la période d'évolution épidémique, une moyenne de 18,225 p. 100.

Le maximum est atteint pour la semaine du 20 au 26 octobre avec 49,220 p. 100.

La marche de l'épidémie a été figurée au graphique n° 1 dans lequel : 1° les colonnes verticales représentent le pourcentage des décès par grippe survenus à Paris, sans distinction de domicile ; 2° la

Température et Pluie constatées à l'observatoire de la tour Saint-Jacques.

TABLEAU 3.

SEMAINE N°	du	au	TEMPÉRATURE Moyennes constatées en degrés	Écarts sur la normale en degrés	PLUIE Moyennes constatées en millim.	Écarts sur la normale en millim.	OBSERVATIONS
27	30 juin	6 juillet 1918	17,[illegible]	— [illegible],9		— 12,[illegible]	Les chiffres sont publiés chaque semaine au Bulletin hebdomadaire de statistique municipale.
28	7 juillet	13	18	— 1,1	11,8	+ [illegible],6	
29	14 —	20	21,8	[illegible] 2,1	8,1	— [illegible]	
30	21 —	27 —	18,1	1,2	[illegible]	[illegible],1	
31	28 —	3 août	13,3	—	29,8	19,[illegible]	
32	4 août	10 —	17,4	2,1	17,1	— [illegible],0	
33	11	17 —	20,0	1,1	—	— [illegible],2	
34	18 —	24 —	21,8	[illegible] 2,9	—	[illegible] 11,1	
35	25 —	31 —	17,[illegible]	— 0,8	1,[illegible]	— 8,2	
36	1er septembre	7 septembre	17,8	0,1	[illegible],9	[illegible] 3,1	
37	8 —	14 —	15,6	1,0	[illegible],1	[illegible] 20,1	
38	15 —	21 —	17,7	1,9	12,6	1,1	
39	22 —	28 —	14,8	— 1,2	0,7	— 2,6	
40	29 —	5 octobre	10,4	[illegible] 3,2	[illegible]	— 16,1	
41	6 octobre	12 —	11,5	— 1,0	1,6	— 9,8	
42	13 —	19 —	9,1	— 2,0	[illegible]	— 7,0	
43	20 —	26 —	9,9	—	[illegible]	— 7,0	
44	27 —	2 novembre	9,9		[illegible],2	— 4,6	
45	3 novembre	9 —	8,2	— 0,8	[illegible]	— 24,2	
46	10	16 —	[illegible]	— 2,8		— [illegible]	
47	17	23 —	[illegible]	2,4		— [illegible]	
48	24	30 —	7,2	— 1,6	21,8	+ 11,1	
49	1er décembre	7 décembre	7,6	— 2,0	1,6	— 10,2	
50	8 —	14 —	10,4	+ 4,7	11,[illegible]	— 2,2	
51	15 —	21 —	7,[illegible]	+ 2,9	10,1	+ 7,[illegible]	
52	22 —	28 —	7,7	— 2,4	15,8	[illegible]	
1	29 —	4 janvier 1919	7,7	+ 3,4	27,5	+ 18,1	
2	5 janvier 1919	11 —	4,8	+ 1,6	21,3	+ 11,4	
3	12 —	18 —	5,7	— 2,7	0,0	— 0,9	
4	19 —	25 —	— 0,1	— 4,0	—	— 6,4	
5	26 —	1er février	— 1,0	— 6,1	16,4	+ 10,0	
6	2 février	8 —	— 1,4	— 3,0	19,8	+ 12,2	
7	9 —	15 —	— 0,7	— 5,0	10,3	+ 2,6	
8	16 —	22 —	5,2	— 1,0	30,5	+ 20,6	
9	23 —	1er mars	6,1	— 0,9	21,0	+ 13,2	
10	2 mars	8 —	9,1	+ 3,1	16,6	+ 8,0	
11	9 —	15 —	8,0	+ 1,3	7,4	— 0,[illegible]	
12	16 —	22 —	4,8	— 2,3	11,9	[illegible] 4,4	
13	23 —	29 —	5,2	— 2,6	19,1	+ 8,6	
14	30 —	5 avril.	4,6	— 4,3	1,6	— 8,2	
15	6 avril.	12 —	10,4	+ 1,0	14,5	+ 6,7	
16	13 —	19 —	9,3	— 0,3	23,0	+ 14,1	
17	20 —	26 —	7,7	— 3,4	5,9	— 1,8	

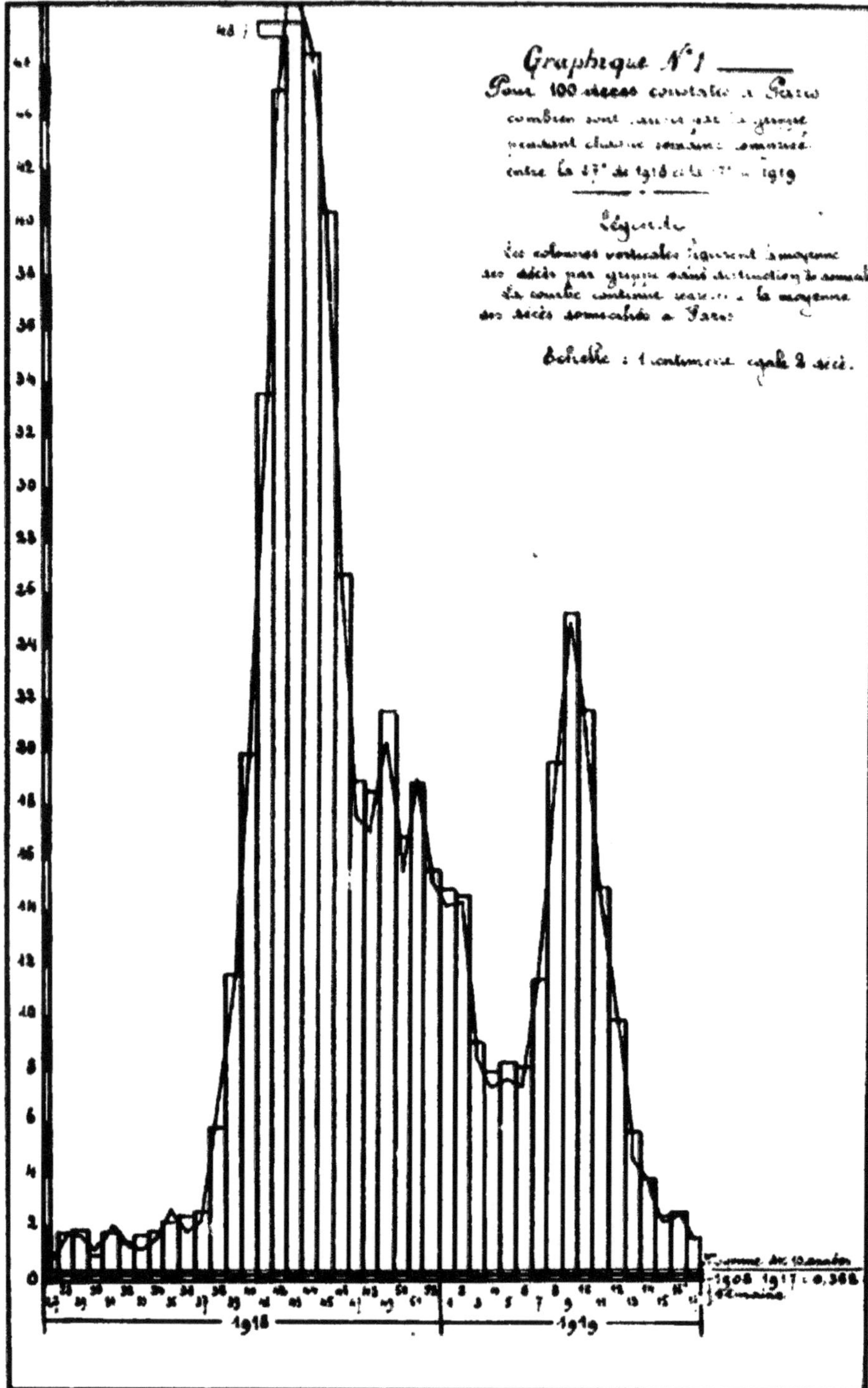
Graphique N°1
Légende
1918
1919

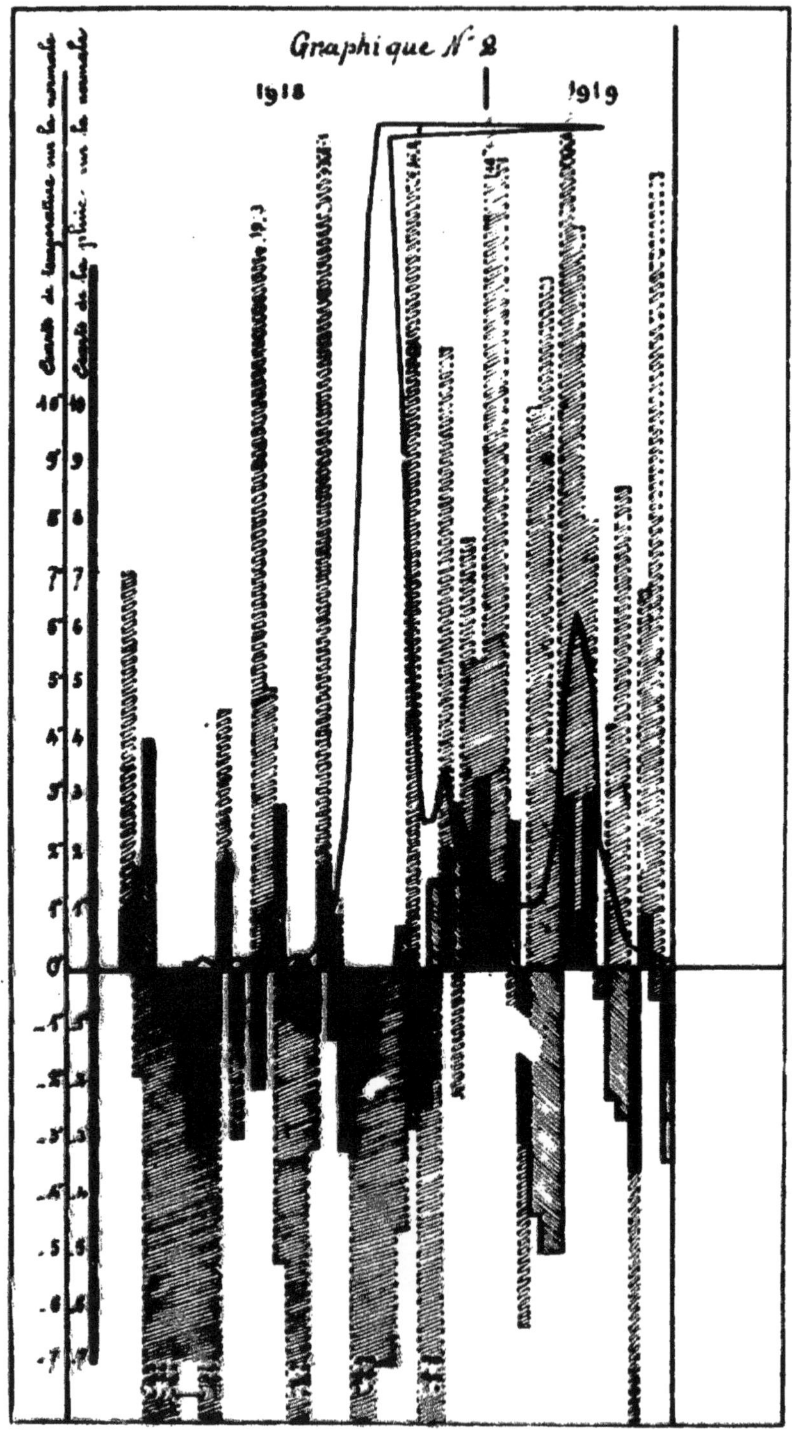
Graphique N° 2
1918
1919
Écarts de température sur la normale
Écarts de la pluie sur la normale

courbe continue indique le même rapport quant aux décès constatés chez les domiciliés à Paris. 3° la moyenne des dix années précédentes (0,362).

2. — Température et pluie pendant l'épidémie.

Il a semblé intéressant de rapprocher la marche de la grippe, pendant son invasion, des écarts de température observés à la Tour Saint-Jacques et des quantités de pluie notées jour par jour par le même observatoire municipal.

Le tableau 3 donne par semaine à ce double point de vue les moyennes constatées et l'écart par rapport à la normale.

Le graphique n° 2 traduit ces trois courbes : écarts de température, écarts de pluie, marche de l'épidémie de grippe.

Sans préjuger la relation qui peut exister entre ces phénomènes météorologiques et l'invasion grippale, on remarque qu'en 1918 la mortalité est faible d'abord, au cours d'une période de sécheresse très marquée de mai à fin juin, coïncidant avec un abaissement de la température au-dessous de la normale, et qui se prolonge cinq à six semaines.

La proportion de décès à ce moment s'accroît lentement, puis rétrocède à un relèvement de température et à des pluies au-dessus de la normale.

Août est marqué par une période de sécheresse de quatre semaines. Elle aboutit à une augmentation sensible des décès qui semble préparer la période critique de mi-septembre à fin octobre, au cours d'une phase de sécheresse continue de six semaines pendant laquelle les écarts les plus grands sont notés (16mm 4 de pluie commencement octobre). Un abaissement de température, qui reste pendant cinq semaines au-dessous de la normale, coïncide également avec cette sécheresse exceptionnelle. C'est durant cette période que le pourcentage des décès par grippe est le plus élevé : 32,06, 45,27, 49,22, 46,59.

En novembre, la température redevient normale, la pluie tombe abondamment, le pluviomètre marque un écart positif considérable et la grippe rétrocède, tombant de 1263 à 629, puis 270 décès (chiffres absolus) ou à 49,22, 30,84, 26,45 p. 100.

La courbe de la mortalité se relève, coïncidant avec un nouvel abaissement de température pendant cinq semaines. Elle atteint 25 p. 100.

Pendant cette période, la pluie tombe abondamment, puis au premier relèvement de température la grippe décroît. La poussée constatée a duré trois semaines avec un court fléchissement.

Y a-t-il corrélation entre l'augmentation de la mortalité par grippe et l'abaissement de la température coïncidant avec une période de sécheresse ? Ou la grippe est-elle favorisée seulement par un des phénomènes météorologiques : basse température ou absence de pluie ?

Il est difficile sur une seule observation de baser une opinion, qui ne pourrait être étayée sérieusement que sur les constatations faites de ce point de vue dans les endroits différents où la grippe s'est manifestée. La question, d'ailleurs, — quelqu'intérêt qu'elle présente, — dépasse le cadre de cette étude et on se borne ici à la signaler.

3. — Décès par âge et par sexe.

La grippe a-t-elle frappé également la population parisienne à tous les âges, sans distinction de sexe ?

Il va de soi que ses conséquences sont socialement plus graves si ses victimes ont été surtout des enfants ou des adultes.

La question est d'importance d'autant que l'épidémie a surgi à la fin d'une guerre sanglante et longue de plus de quatre années, ajoutant ses ravages à ceux du conflit mondial, qui a, dans une notable mesure, diminué les forces vives du pays.

Le tableau n° 4 montre par semaine, pour chaque groupe d'âges et dans chaque groupe par sexe, les décès des personnes domiciliées à Paris dans chacune des deux périodes observées.

Décès par grippe dans chaque semaine par

Numéros	Semaine du	Semaine au	0 à 2 mois. M.	0 à 2 mois. F.	3 à 11 mois. M.	3 à 11 mois. F.	12 à 23 mois. M.	12 à 23 mois. F.	2 à 9 ans. M.	2 à 9 ans. F.
	1918									
27	30 juin.	6 juillet.	—	—	—	—	—	—	—	—
28	7 juillet.	13 —	—	—	—	—	—	—	—	—
29	14 —	20 —	—	—	—	—	—	—	—	—
30	21 —	27 —	—	—	—	—	—	—	—	—
31	28 —	3 août.	—	—	—	—	—	—	—	—
32	4 août.	10 —	—	—	1	—	—	—	—	—
33	11 —	17 —	—	—	—	—	—	—	—	—
34	18 —	24 —	—	—	—	—	—	—	—	—
35	25 —	31 —	—	—	—	—	—	—	—	1
36	1er septembre.	7 septembre.	1	—	—	—	—	—	1	—
37	8 —	14 —	—	—	—	—	—	—	—	—
38	15 —	21 —	—	1	—	—	1	2	—	—
39	22 —	28 —	—	1	—	—	1	2	—	2
40	29 —	5 octobre.	—	1	1	1	2	2	3	2
41	6 octobre.	12 —	3	5	3	3	—	2	7	20
42	13 —	19 —	2	—	4	1	3	5	20	23
43	20 —	26 —	3	3	5	2	9	4	12	30
44	27 —	2 novembre.	3	1	5	3	7	7	20	32
45	3 novembre.	9 —	2	—	1	4	6	6	14	14
46	10 —	16 —	6	2	1	—	1	6	5	7
47	17 —	23 —	—	—	1	2	1	—	3	3
48	24 —	30 —	—	2	—	1	1	—	—	3
49	1er décembre.	7 décembre.	—	—	—	—	5	—	3	2
50	8 —	14 —	—	—	—	—	4	—	6	1
51	15 —	21 —	—	—	1	—	—	1	1	3
52	22 —	28 —	—	—	1	—	2	—	5	—
	Totaux		20	19	23	16	37	34	100	149
	1919									
1	29 décembre.	4 janvier.	1	—	3	—	1	1	2	—
2	5 janvier	11 —	1	—	2	3	—	1	8	4
3	12 —	18 —	—	—	—	1	1	4	1	—
4	19 —	25 —	—	1	1	—	1	2	4	1
5	26 —	1er février.	—	—	1	1	—	1	3	3
6	2 février.	8 —	—	1	1	—	—	—	1	1
7	9 —	15 —	—	1	—	—	1	—	1	4
8	16 —	22 —	2	2	—	2	1	1	1	5
9	23 —	1er mars.	1	2	2	3	3	1	4	8
10	2 mars.	8 —	2	1	2	1	2	2	6	6
11	9 —	15 —	—	—	—	—	—	1	1	7
12	16 —	22 —	1	—	—	2	[illegible]	—	—	—
13	23 —	29 —	—	—	—	—	—	—	2	1
14	30 —	5 avril.	—	—	—	—	—	—	—	—
15	6 avril.	12 —	1	—	—	—	1	1	—	—
16	13 —	19 —	—	—	—	—	—	—	—	1
17	20 —	26 —	—	1	—	—	—	—	1	—
	Totaux pour 1919		9	9	12	12	20	15	35	40
	du 30 juin 1918 au 26 avril 1919		29	28	35	29	57	49	135	189

1° Période du 30 juin au 28 décembre 1918

6207 décès par grippe sont constatés par les médecins de l'état civil, dont 2197 hommes et 4010 femmes.

Il s'ensuit que l'élément féminin a payé un tribut à la grippe presque deux fois plus fort que l'élément masculin.

Ces décès se répartissent ainsi par chaque âge, sans distinction de sexe :

Première enfance (moins de 1 an)	78
Enfance (1 à 9 ans)	380
Adolescence (10 à 19 ans)	729
Période adulte (20 à 39 ans)	4.546
Vieillesse (40 ans et plus)	534
Total	6.207

âge et par sexe (domiciliés à Paris).

TABLEAU 4.

10 à 19 ans.		20 à 39 ans.		40 à 59 ans.		60 ans et plus.		Totaux		Ensemble
M.	F.	M.	F.	M.	F.	M.	F.	M.	F.	
—		—	2	2	1	—	1	2	[illegible]	7
2	—	—	5	1	5	3	—	6	10	16
1	1	2	1	2	3	1	—	6	5	11
—	—	2	1	—	—	1	2	4	3	8
—	—	5	2	—	1	2	2	[illegible]	5	12
—	1	1	2	1	—	1	[illegible]	[illegible]	3	[illegible]
1	—	—	1	1	—	1	1	5	2	[illegible]
—	—	2	2	2	2	—	—	6	4	8
—	1	1	6	—	5	—	2	1	17	18
—	1	3	3	1	2	—	—	[illegible]	6	12
2	1	6	4	—	3	—		[illegible]	7	10
2	4	12	17	4	4	5	—	[illegible]	29	[illegible]
4	9	13	34	11	9	2	5	[illegible]	63	[illegible]
7	22	32	69	28	22	8	[illegible]	[illegible]	123	[illegible]
19	46	77	190	42	46	15	16	[illegible]	416	[illegible]
50	80	106	339	67	90	25	34	[illegible]	[illegible]	[illegible]
69	98	212	498	100	122	78	[illegible]	[illegible]	[illegible]	[illegible]
65	91	161	441	90	119	52	[illegible]	[illegible]	[illegible]	1.119
21	34	92	259	61	60	26	[illegible]	222	[illegible]	[illegible]
8	13	65	108	39	42	7	23	110	[illegible]	[illegible]
6	11	30	62	16	19	11	12	86	110	[illegible]
7	10	33	69	17	21	9	11	[illegible]	117	[illegible]
9	5	39	97	32	26	11	30	[illegible]	[illegible]	[illegible]
4	11	21	84	27	17	8	10	[illegible]	[illegible]	[illegible]
7	15	23	81	18	16	12	10	[illegible]	[illegible]	[illegible]
5	7	22	34	9	16	8	12	[illegible]	[illegible]	[illegible]
267	462	971	2.08[illegible]	[illegible]	649	221	[illegible]	2.1[illegible]	[illegible]	[illegible]
4	13	27	46	16	9	[illegible]	14	[illegible]	[illegible]	[illegible]
2	7	19	56	18	12	11	7	[illegible]	[illegible]	[illegible]
3	1	7	27	14	6	8	10	[illegible]	[illegible]	[illegible]
1	2	11	17	7	12	3	9	[illegible]	[illegible]	[illegible]
2	2	10	24	6	19	6	8	28	[illegible]	[illegible]
6	6	7	2	8	11	17	4	[illegible]	[illegible]	[illegible]
4	11	21	31	18	24	19	16	[illegible]	[illegible]	[illegible]
11	8	40	134	29	68	49	[illegible]	[illegible]	[illegible]	[illegible]
16	17	61	129	41	41	26	[illegible]	[illegible]	[illegible]	[illegible]
13	12	45	110	31	42	22	10	[illegible]	[illegible]	[illegible]
5	8	14	67	28	21	15	11	[illegible]	[illegible]	[illegible]
6	8	14	30	14	9	4	[illegible]	[illegible]	[illegible]	[illegible]
2	2	7	16	8	4	—	[illegible]	20	27	[illegible]
—	3	5	11	6	4	1	[illegible]	12	[illegible]	[illegible]
1	[illegible]	1	4	2	4	2	[illegible]	9	[illegible]	[illegible]
—	—	2	4	2	1	5	[illegible]	10	[illegible]	[illegible]
—	3	3	4	2	1	—	1	[illegible]	[illegible]	[illegible]
76	194	245	779	292	290	172	[illegible]	[illegible]	[illegible]	[illegible]
343	365	1.216	[illegible]	[illegible]	999	393	[illegible]	[illegible]	3.[illegible]	[illegible]

L'épidémie a donc surtout frappé les adultes dans une proportion des trois-quarts, d'où on peut conclure que les forces les plus utiles au point de vue social ont été atteintes.

Après avoir constaté la prédominance générale de l'élément féminin dans l'ensemble des décès grippaux, on recherchera comment ils se répartissent pour chaque âge, en tenant compte du sexe (graphique 3).

Première enfance	43 masculins.	35 féminins
Enfance	137 —	183 —
Adolescence	267 —	462 —
Adultes	1.529 —	3.017 —
Vieillesse	221 —	313 —

Dans la première enfance, les décès masculins dominent.

Dès un an, les décès féminins sont plus nombreux que les masculins.

Dans l'adolescence (dix à dix-neuf ans), le nombre des décès féminins est presque double de celui des masculins (quatre cinquièmes d'augmentation).

Décès, toutes causes réunies, dans chaque semaine

Numéros	Semaine du	au	0 à 2 mois M	F	3 à 11 mois M.	F.	12 à 23 mois M	F	2 à 3 ans M	F.
	1918									
27	30 juin	6 juillet	14	11	6	13	5	4	18	15
28	7 juillet	13 —	16	14	11	7	2	11	11	14
29	14 —	20 —	14	14	20	9	1	5	10	11
30	21 —	27 —	21	17	14	14	3	5	8	1
31	28 —	3 août	12	18	17	9	8	6	5	4
32	4 août	10 —	20	14	14	7	9	1	8	9
33	11 —	17 —	14	18	18	12	4	4	5	8
34	18 —	24	14	13	15	19	4	8	10	5
35	25	31	26	22	25	19	4	3	15	14
36	1er septembre	7 septembre	21	22	14	22	7	7	4	11
37	8 —	14 —	28	21	22	19	7	3	12	10
38	15 —	21 —	35	25	22	18	8	7	12	14
39	22 —	28 —	31	21	22	8	4	7	13	16
40	29	5 octobre	32	16	16	20	10	7	14	9
41	6 octobre	12	30	29	20	15	4	10	28	30
42	13 —	19 —	22	22	14	16	10	9	41	36
43	20 —	26 —	28	24	21	16	28	19	38	61
44	27 —	2 novembre	32	31	22	23	18	27	56	56
45	3 novembre	9 —	28	23	17	14	9	9	29	31
46	10 —	16	28	24	12	6	8	9	15	9
47	17 —	23	21	24	8	11	4	2	30	7
48	24 —	30 —	18	25	5	10	6	2	12	12
49	1er décembre	7 décembre	28	17	11	8	5	5	18	6
50	8 —	14 —	29	11	15	11	8	6	21	16
51	15	21 —	21	8	8	13	4	8	11	11
52	22 —	28 —	18	17	14	7	2	7	12	15
	Totaux		601	509	405	352	188	151	439	465
	1919									
1	29 décembre	4 janvier	26	22	18	10	8	5	13	14
2	5 janvier	11 —	19	19	12	17	7	7	19	22
3	12 —	18 —	32	24	18	20	10	10	11	21
4	19	25 —	27	24	21	11	12	8	14	16
5	26	1er février	28	22	24	11	8	7	16	12
6	2 février	8 —	17	23	17	16	8	12	13	21
7	9 —	15 —	40	38	16	10	13	12	28	32
8	16 —	22 —	43	42	24	27	12	8	30	17
9	23 —	1er mars	24	30	25	21	12	13	23	30
10	2 mars.	8 —	29	27	24	22	16	11	22	23
11	9 —	15 —	28	32	23	17	14	11	24	27
12	16 —	22 —	31	13	12	21	19	4	12	15
13	23	29 —	27	13	18	14	9	10	22	12
14	30	5 avril	37	21	11	12	10	9	22	13
15	6 avril	12 —	26	27	18	13	18	15	14	17
16	13 —	19 —	25	22	15	18	8	7	17	14
17	20	26	14	19	14	11	14	8	25	22
	Totaux pour 1919		502	387	311	271	199	156	317	328
	du 30 juin 1918 au 26 avril 1919		1 103	896	716	624	387	307	756	793

Dans l'âge adulte, les femmes meurent deux fois plus que les hommes.
Dans la vieillesse, excédent féminin de moitié environ.

En résumé, pendant la période examinée d'épidémie grippale de 1918, sur 40 décès de personnes du sexe féminin, il y a trente femmes adultes.

Ces femmes se classent ainsi par âge :

De 15 à 19 ans	364 unités.
De 20 à 39 ans	2.368 —
De 40 à 44 ans	229 —
Total	2.961 unités.

On aperçoit les conséquences de cette mortalité féminine au point de vue de l'œuvre nécessaire de repopulation.

D'ailleurs, la population n'avait jamais été aussi fortement touchée depuis les invasions cholériques antérieures à 1870.

par âge et par sexe (domiciliés à Paris).

Tableau 5.

10 à 19 ans		20 à 39 ans		[illegible] ans		[illegible] plus		[illegible]		Ensemble
M.	F.	M.	F.	M.	F.	M.	F.	M.	F.	
[illegible]	17	[illegible]	[illegible]	142	[illegible]	[illegible]	[illegible]	[illegible]	[illegible]	[illegible]
16	16	74	[illegible]	[illegible]	[illegible]	100	[illegible]	[illegible]	[illegible]	[illegible]
16	[illegible]	[illegible]	82	112	[illegible]	[illegible]	101	[illegible]	[illegible]	[illegible]
17	[illegible]	[illegible]	[illegible]	91	71	84	[illegible]	[illegible]	[illegible]	[illegible]
18	11	[illegible]	[illegible]	[illegible]	70	[illegible]	[illegible]	[illegible]	[illegible]	[illegible]
16	8	46	[illegible]	[illegible]	[illegible]	[illegible]	[illegible]	[illegible]	[illegible]	[illegible]
[illegible]	29	[illegible]	[illegible]	[illegible]	[illegible]	[illegible]	[illegible]	[illegible]	[illegible]	[illegible]
7	[illegible]	[illegible]	[illegible]	[illegible]	[illegible]	[illegible]	110	[illegible]	[illegible]	[illegible]
8	28	32	[illegible]	[illegible]	[illegible]	[illegible]	118	[illegible]	[illegible]	[illegible]
9	21	[illegible]	[illegible]	[illegible]	[illegible]	102	122	[illegible]	[illegible]	[illegible]
[illegible]	14	[illegible]	[illegible]	[illegible]	[illegible]	[illegible]	[illegible]	[illegible]	[illegible]	[illegible]
27	29	100	112	[illegible]	[illegible]	122	[illegible]	[illegible]	[illegible]	[illegible]
21	[illegible]	[illegible]	[illegible]	[illegible]	[illegible]	[illegible]	[illegible]	[illegible]	[illegible]	[illegible]
19	[illegible]	110	[illegible]	127	[illegible]	[illegible]	[illegible]	[illegible]	[illegible]	[illegible]
41	[illegible]	176	[illegible]	176	[illegible]	[illegible]	[illegible]	[illegible]	[illegible]	[illegible]
71	109	[illegible]	[illegible]	[illegible]	[illegible]	[illegible]	[illegible]	[illegible]	[illegible]	[illegible]
99	[illegible]	[illegible]	[illegible]	[illegible]	[illegible]	[illegible]	[illegible]	[illegible]	[illegible]	[illegible]
69	122	[illegible]	[illegible]	[illegible]	[illegible]	[illegible]	[illegible]	[illegible]	[illegible]	[illegible]
[illegible]	[illegible]	[illegible]	[illegible]	[illegible]	[illegible]	[illegible]	[illegible]	[illegible]	[illegible]	[illegible]
26	[illegible]	[illegible]	[illegible]	161	[illegible]	[illegible]	211	[illegible]	[illegible]	[illegible]
12	[illegible]	[illegible]	[illegible]	[illegible]	[illegible]	[illegible]	[illegible]	[illegible]	[illegible]	[illegible]
[illegible]	[illegible]	[illegible]	[illegible]	[illegible]	[illegible]	[illegible]	[illegible]	[illegible]	[illegible]	[illegible]
18	[illegible]	[illegible]	[illegible]	[illegible]	[illegible]	[illegible]	[illegible]	[illegible]	[illegible]	[illegible]
[illegible]	[illegible]	[illegible]	[illegible]	[illegible]	[illegible]	[illegible]	[illegible]	[illegible]	[illegible]	[illegible]
20	[illegible]	[illegible]	[illegible]	142	[illegible]	[illegible]	[illegible]	[illegible]	[illegible]	[illegible]
19	[illegible]	[illegible]	[illegible]	[illegible]	[illegible]	142	[illegible]	[illegible]	[illegible]	[illegible]
[illegible]	[illegible]	[illegible]	[illegible]	[illegible]	[illegible]	[illegible]	[illegible]	[illegible]	[illegible]	[illegible]
17	[illegible]	[illegible]	[illegible]	126	[illegible]	161	[illegible]	[illegible]	[illegible]	[illegible]
12	[illegible]	[illegible]	[illegible]	142	111	[illegible]	[illegible]	[illegible]	[illegible]	[illegible]
29	[illegible]	[illegible]	[illegible]	[illegible]	110	[illegible]	[illegible]	[illegible]	[illegible]	[illegible]
12	17	[illegible]	107	[illegible]	[illegible]	[illegible]	[illegible]	[illegible]	[illegible]	[illegible]
18	18	[illegible]	[illegible]	[illegible]	137	[illegible]	[illegible]	[illegible]	[illegible]	[illegible]
22	27	[illegible]	[illegible]	180	[illegible]	[illegible]	[illegible]	[illegible]	[illegible]	[illegible]
21	[illegible]	[illegible]	[illegible]	206	180	[illegible]	[illegible]	[illegible]	[illegible]	[illegible]
[illegible]	1	127	[illegible]	[illegible]	[illegible]	[illegible]	[illegible]	[illegible]	[illegible]	[illegible]
[illegible]	[illegible]	142	212	228	200	273	[illegible]	[illegible]	[illegible]	[illegible]
31	-	[illegible]	212	188	[illegible]	[illegible]	[illegible]	[illegible]	[illegible]	[illegible]
28	26	[illegible]	[illegible]	160	[illegible]	[illegible]	[illegible]	[illegible]	[illegible]	[illegible]
23	[illegible]	[illegible]	[illegible]	[illegible]	118	[illegible]	[illegible]	[illegible]	[illegible]	[illegible]
14	31	[illegible]	107	129	107	[illegible]	[illegible]	[illegible]	[illegible]	[illegible]
21	2	[illegible]	[illegible]	[illegible]	[illegible]	[illegible]	[illegible]	[illegible]	[illegible]	[illegible]
17	[illegible]	[illegible]	[illegible]	131	[illegible]	[illegible]	[illegible]	[illegible]	[illegible]	[illegible]
17	22	[illegible]	[illegible]	[illegible]	128	[illegible]	[illegible]	[illegible]	[illegible]	[illegible]
18	[illegible]	[illegible]	[illegible]	142	[illegible]	[illegible]	[illegible]	[illegible]	[illegible]	[illegible]
[illegible]	[illegible]	[illegible]	[illegible]	[illegible]	[illegible]	[illegible]	[illegible]	[illegible]	[illegible]	[illegible]
[illegible]	[illegible]	[illegible]	[illegible]	[illegible]	[illegible]	[illegible]	[illegible]	[illegible]	[illegible]	[illegible]

La dernière manifestation du choléra en 1884, n'a causé, en effet, que [illegible] victimes (tableaux statistiques de l'épidémie cholérique de 1884 à Paris, par le docteur J. Bertillon (1886)) parmi lesquelles on compte 175 femmes seulement de quinze à quarante-cinq ans.

La diphtérie, tous âges et sexes réunis, atteint son maximum en 1887 avec [illegible] décès. La typhoïde occasionne 2032 morts de toutes catégories en 1876 et seulement 1000 en [illegible]. Depuis elle est en constante régression, variant de 1887 décès (1910) à 375 (1914).

La variole, efficacement combattue, n'a plus de conséquences graves au point de vue démographique.

Ces résultats encourageants sont dûs, pour ces maladies, à la déclaration obligatoire et au perfectionnement des mesures prophylactiques prises qui en sont la conséquence. Il est désirable que cette obligation de déclarer soit étendue à la grippe.

* * *

Ces constatations faites, il convient de rechercher les coefficients de la grippe : 1° par rapport

Coefficients des décès par grippe dans chaque âge et sexe constatés du 30 Juin au 28 Décembre 1918.

TABLEAU 6.

DÉSIGNATION	0 à 2 mois.		3 à 11 mois.		12 à 23 mois.		2 à 9 ans.		10 à 19 ans.	
	M.	F.	M.	F.	M.	F.	M.	F.	M.	F.
Décès, toutes causes réunies	663	509	405	352	188	194	449	465	684	993
Décès par grippe	29	19	23	16	37	34	100	159	267	662
Pour 100 décès, toutes causes réunies, combien par sexe dans chaque groupe d'âges	2,236	1,992	1,562	1,306	0,697	0,719	1,627	1,72[illegible]	2,533	,846
Pour 100 décès par grippe, combien par sexe dans chaque groupe d'âges ?	[illegible]	0,306	0,370	0,258	0,596	0,548	1,611	2,401	4,301	7,666
Pour 1,000 décès toutes causes réunies, combien dûs à la grippe par sexe et pour chaque groupe d'âges ?	[illegible]	37,33	56,79	45,45	196,80	175,26	227,80	320,40	390,35	670,00
Population (Recensement 1911, population présente)	… 21	[illegible] 095	16,818	16 582	15 191	15,011	127,764	128 967	190,762	202 398
Pour 10,000 habitants, dans chaque âge et sexe, combien de décès, toutes causes réunies ?	[illegible]	1116,0	240,8	212,4	123,7	129,2	36,6	36,0	[illegible]	48,5
Pour 10,000 habitants, dans chaque âge et sexe, combien de décès, par grippe ?	36,6	32,[illegible]	13,70	9,65	24,36	22,64	7,83	11,5[illegible]	14,00	32,93

DÉSIGNATION	20 à 39 ans.		40 à 59 ans.		60 ans et plus.		Totaux.		Ensemble.
	M.	F.	M.	F.	M.	F.	M.	F.	
Décès toutes causes réunies	2,751	4,961	3,641	3,183	2,319	4,384	12,032	14 920	25,962
Décès par grippe	371	2,358	558	649	22[illegible]	[illegible]13	2,197	4 010	6,207
Pour 100 décès, toutes causes réunies, combien par sexe dans chaque groupe d'âges ?	10,216	18,032	14,301	11,806	[illegible]	16,258	44,629	55,380	100,00
Pour 100 décès par grippe, combien par sexe dans chaque groupe d'âges ?	[illegible]	38,152	8,990	10,457	3,560	5,046	35,39	64,61	100,00
Pour 1.000 décès, toutes causes réunies, combien dûs à la grippe par sexe et pour chaque groupe d'âges ?	[illegible]	487,10	153,25	203,9	96,58	71,60	182,60	268,00	239,25
Population (Recensement 1911, population présente)	368 614	633,797	325.092	366.219	90,425	153,406	1.337.121	[illegible]	2.917.229
Pour 10.000 habitants, dans chaque âge et sexe, combien de décès, toutes causes réunies ?	48,4	78,2	112,3	86,9	257,1	291,5	89,95	98,86	95,7
Pour 10.000 habitants dans chaque âge et sexe, combien de décès par grippe ?	17,08	37,14	17,22	17,90	24,48	21,51	16,42	28,35	21,8

elle-même suivant l'âge et le sexe ; 2° par rapport à la mortalité générale dans la période observée et dans les mêmes catégories ; 3° par comparaison avec les mêmes résultats présentés par les dix années précédentes.

Le tableau 5 donne par semaine, pour chaque sexe, dans chaque groupe d'âge, le nombre global de décès.

Le tableau 6 détermine : 1° le pourcentage des décès, toutes causes réunies, par sexe dans chaque

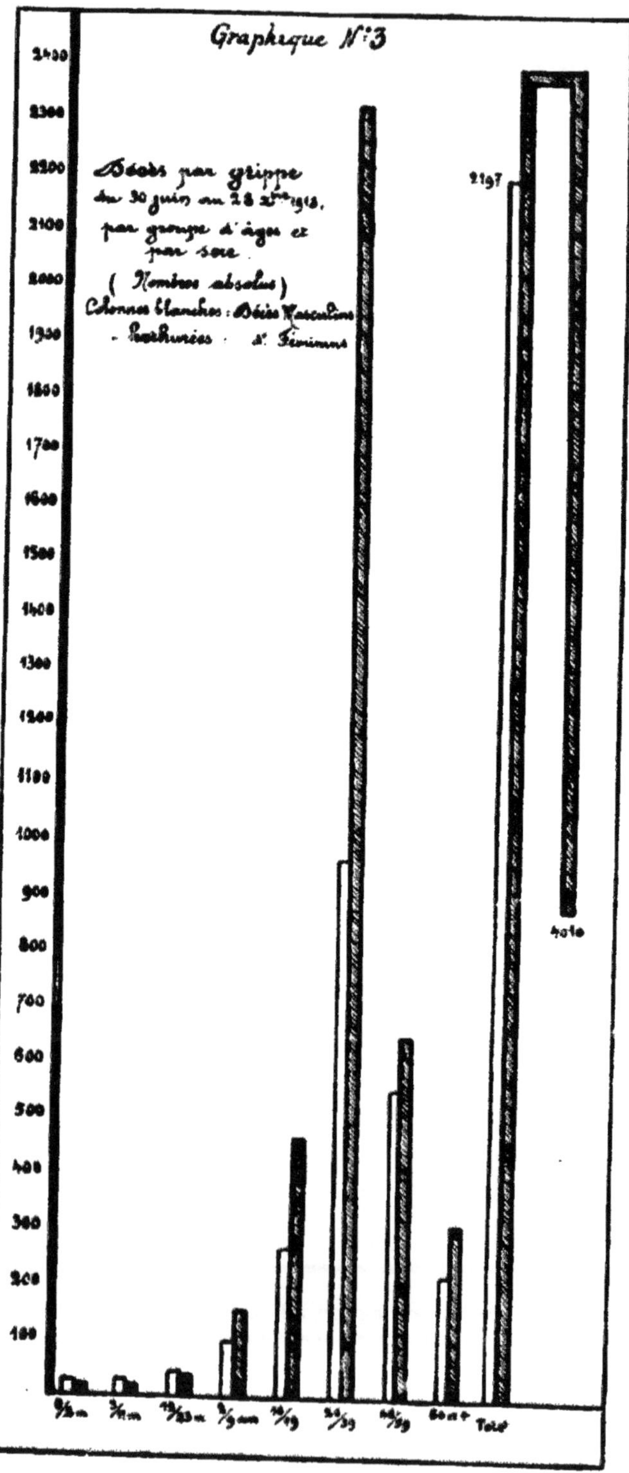
Graphique N° 3
Décès par grippe
du 30 juin au 28 xbre 1918,
par groupe d'âges et
par sexe.
(Nombres absolus)
Colonnes blanches : Décès Masculins
- hachurées : d° Féminins
2400
2300
2200
2100
2000
1900
1800
1700
1600
1500
1400
1300
1200
1100
1000
900
800
700
600
500
400
300
200
100
2197
4010
60 et +

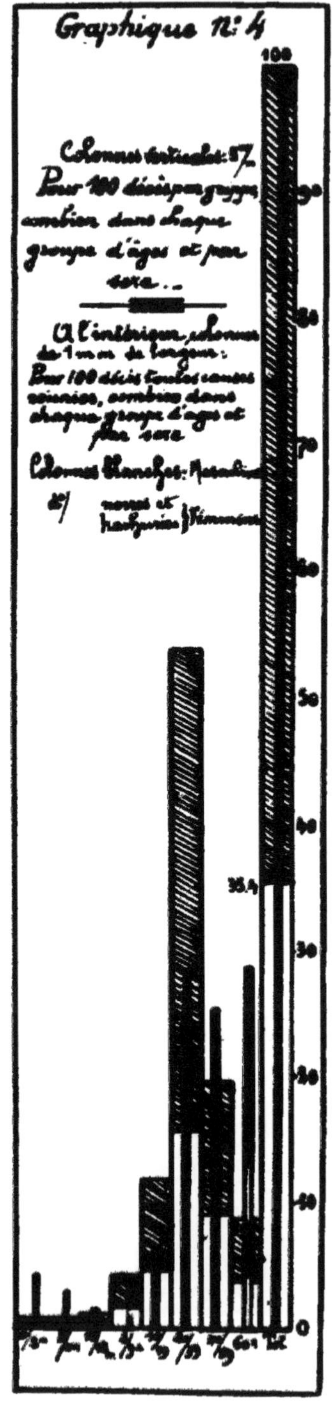
Graphique N° 4
100
35.4
0

groupe d'âges ; 2° le même pourcentage afférent aux décès par grippe ; 3° enfin, dans chaque groupe d'âges et par sexe, la proportion de décès par grippe sur un chiffre global de 1000 décès.

Le graphique n° 4 fait ressortir les différences d'évolution des coefficients pour 100 décès, toutes causes réunies (colonnes étroites), se profilant sur les coefficients pour 100 décès par grippe (colonnes larges) dans chaque groupe d'âge et par sexe (blanches = masculins ; noires et hachurées = féminins).

Ici encore, nous constatons que dans la première enfance, moins d'un an, et à plus de quarante-cinq ans, les coefficients de décès, toutes causes réunies, sont supérieurs aux coefficients de décès par grippe.

Dans l'enfance, ils sont sensiblement égaux pour les masculins et supérieurs par grippe pour les féminins.

Dans l'adolescence et l'âge adulte, les coefficients de la grippe l'emportent dans les deux sexes, et principalement pour les personnes du sexe féminin.

Dans l'ensemble, le coefficient des décès imputables à la grippe pour l'élément féminin est supérieur au coefficient des décès, toutes causes réunies.

∴

Pour permettre le rapprochement des chiffres absolus de la mortalité par grippe et de la mortalité générale, pendant l'épidémie de 1918-1919, des résultats enregistrés dans les années antérieures et surtout pour la comparaison de cette épidémie avec les invasions antérieures de grippe, de choléra, de diphtérie, etc...., il est indispensable de calculer les coefficients de l'affection observée ici relativement à la population.

Quelle est cette population en juillet 1918 ?

On ne dispose actuellement que d'approximations.

Décès, toutes causes réunies, par âge et par sexe (domiciliés à Paris de 1908 à 1917)

Tableau 7

Années	De 0 à 1 an M.	De 0 à 1 an F.	De 1 à [illegible] ans M.	De 1 à [illegible] ans F.	De [illegible] à [illegible] ans M.	De [illegible] à [illegible] ans F.	De 20 à [illegible] ans M.	De 20 à [illegible] ans F.
1908	2 822	2 292	1 [illegible]	1 [illegible]	[illegible]	[illegible]	6 [illegible]	[illegible]
1909	2 [illegible]	2 162	1 [illegible]	1 [illegible]	[illegible]	[illegible]	[illegible]	[illegible]
1910	2 7[illegible]	2 19[illegible]	1 [illegible]	1 [illegible]	[illegible]	[illegible]	[illegible]	[illegible]
1911	2 465	2 [illegible]	2 [illegible]	2 [illegible]	[illegible]	[illegible]	[illegible]	[illegible]
1912	2 7[illegible]	2 221	1 [illegible]	1 [illegible]	[illegible]	[illegible]	[illegible]	[illegible]
1913	2 66[illegible]	2 1[illegible]	1 [illegible]	1 72[illegible]	[illegible]	[illegible]	[illegible]	[illegible]
1914	2 792	2 17[illegible]	1 [illegible]	1 [illegible]	[illegible]	[illegible]	[illegible]	[illegible]
1915	2 12[illegible]	1 66[illegible]	1 [illegible]	1 [illegible]	[illegible]	[illegible]	[illegible]	[illegible]
1916	1 [illegible]	1 2[illegible]	1 72[illegible]	1 [illegible]	771	[illegible]	2 [illegible]	[illegible]
1917	1 771	[illegible]	1 [illegible]	1 [illegible]	[illegible]	[illegible]	2 [illegible]	[illegible]
Ensemble des 10 années	[illegible]	20 166	18 [illegible]	17 [illegible]	7 [illegible]	7 [illegible]	41 [illegible]	[illegible]
Pour 100 décès, ensemble de chaque âge, par sexe	5,[illegible]	4,[illegible]	[illegible]	[illegible]	[illegible]	[illegible]	[illegible]	[illegible]

Années	De 40 à [illegible] ans M.	De 40 à [illegible] ans F.	De [illegible] ans et plus M.	De [illegible] ans et plus F.	Totaux M.	Totaux F.	Ensemble
1908	7 [illegible]	[illegible]	[illegible]	[illegible]	[illegible]	[illegible]	[illegible]
1909	7 [illegible]	[illegible]	[illegible]	[illegible]	[illegible]	[illegible]	[illegible]
1910	7 [illegible]	[illegible]	[illegible]	[illegible]	[illegible]	22 [illegible]	[illegible]
1911	7 [illegible]	[illegible]	[illegible]	[illegible]	[illegible]	[illegible]	[illegible]
1912	7 [illegible]	[illegible]	[illegible]	[illegible]	[illegible]	22 [illegible]	[illegible]
1913	7 [illegible]	6 [illegible]	[illegible]	[illegible]	[illegible]	[illegible]	[illegible]
1914	7 [illegible]	[illegible]	[illegible]	[illegible]	[illegible]	[illegible]	[illegible]
1915	7 [illegible]	6 [illegible]	[illegible]	[illegible]	[illegible]	[illegible]	[illegible]
1916	[illegible]	[illegible]	7 [illegible]	[illegible]	[illegible]	[illegible]	[illegible]
1917	[illegible]	[illegible]	7 [illegible]	[illegible]	[illegible]	[illegible]	[illegible]
Ensemble des 10 années	73 [illegible]	[illegible]	[illegible]	[illegible]	[illegible]	228 [illegible]	[illegible]
Pour 100 décès, ensemble de chaque âge, par sexe	15,[illegible]	11,[illegible]	14,720	[illegible]	[illegible]	49,2	

Le dernier recensement date de 1911 ; il est vieux de plus de huit ans. Ses indications n'ont donc qu'une valeur tout à fait aléatoire, d'autant que la guerre a eu directement ou indirectement des conséquences certaines sur la population parisienne.

La mobilisation générale, le départ des étrangers alliés, l'expulsion des indésirables, les départs de septembre 1914 suivis de retours, les immigrations des réfugiés, les sursitaires, les départs en province à l'occasion des bombardements, à nouveau suivis de retours, la démobilisation, etc... ont eu sur la population de Paris des répercussions qu'en l'absence de tout dénombrement, il est difficile d'évaluer. Même la délivrance des cartes d'alimentation ne fournit que des données approximatives, car délivrées au lieu de la résidence, elles suivent le mouvement des bénéficiaires sans que l'Administration ait trace de leur passage.

Dans cette situation, force est d'avoir recours aux résultats de 1911.

Donc, sous toutes réserves quant à l'exactitude du chiffre de base (recensement de 1911) caduc par son ancienneté (les enfants de zéro à un an ont maintenant huit ans), les coefficients cherchés seront déterminés.

Toutefois, l'erreur qui en découle étant constante, les écarts seront également constants et la relativité des coefficients subsistera.

Décès causés par la grippe, par âge et par sexe (domiciliés à Paris de 1908 à 1917)

Tableau 7 bis.

ANNÉES	De 0 à 1 an		De 1 à 9 ans		De 10 à 19 ans		De 20 à 39 ans	
	M.	F.	M.	F.	M.	F.	M.	F.
1908	1	[illegible]	7	4	2	1	10	12
1909	2	3	5	2	4	1	12	18
1910	5	2	4	6	4	1	5	9
1911	6	3	6	6	5	4	15	18
1912	3	8	2	7	2	1	10	8
1913	[illegible]	3	3	6	2	2	14	7
1914	4	3	5	5	—	2	13	9
1915	4	2	6	3	1	2	2	5
1916	2	4	5	4	6	4	6	18
1917	4	—	4	4	—	1	4	9
Ensemble des 10 années.	38	27	45	42	26	19	90	114
Pour 100 décès, combien de chaque âge, par sexe.	2,282	1,626	2,702	2,523	1,561	1,144	5,490	6,785
Sur 1000 décès, toutes causes réunies, combien causés par grippe dans les 10 dernières années par âge et par sexe correspondants.	1,321	1,329	2,167	2,104	2,695	2,398	2,362	2,790

ANNÉES	De 40 à 59 ans		De 60 ans et plus		Totaux		Ensemble
	M.	F.	M.	F.	M.	F.	
1908	14	19	41	56	75	96	171
1909	32	30	41	117	101	171	272
1910	16	17	28	39	52	72	126
1911	26	18	57	78	102	126	229
1912	13	14	23	52	57	85	142
1913	18	17	32	50	75	85	160
1914	16	15	36	59	76	82	158
1915	11	7	16	31	60	30	90
1916	12	28	30	77	64	131	192
1917	26	16	25	41	50	69	127
Ensemble des 10 années.	184	176	312	590	699	967	1.663
Pour 100 décès, combien de chaque âge, par sexe.	11,020	10,569	18,725	35,439	41,92	58,08	100
Sur 1000 décès, toutes causes réunies, combien causés par grippe dans les 10 dernières années par âge et par sexe correspondants.	2,512	3,426	4,609	6,644	2,987	4,274	3,621

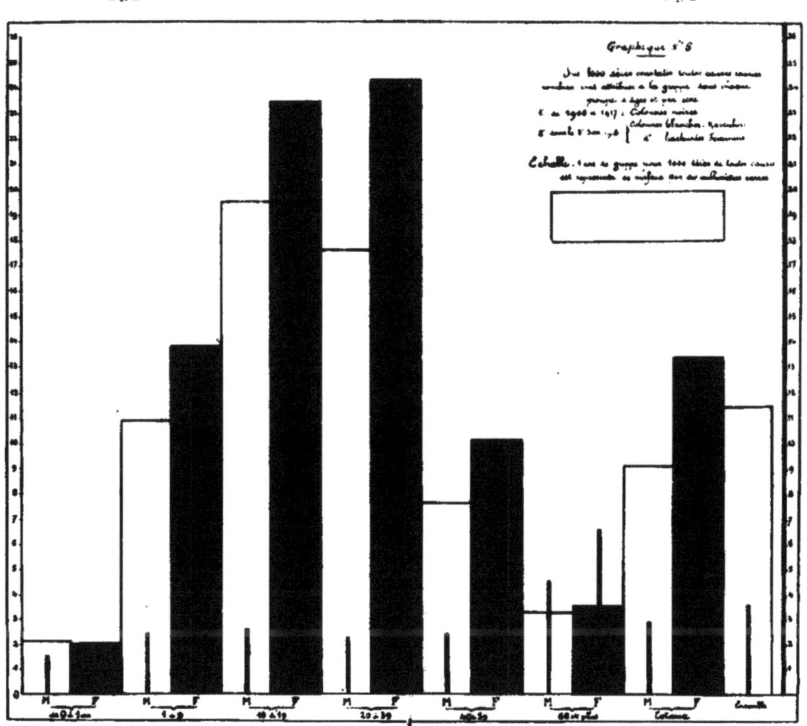
Graphique
M F

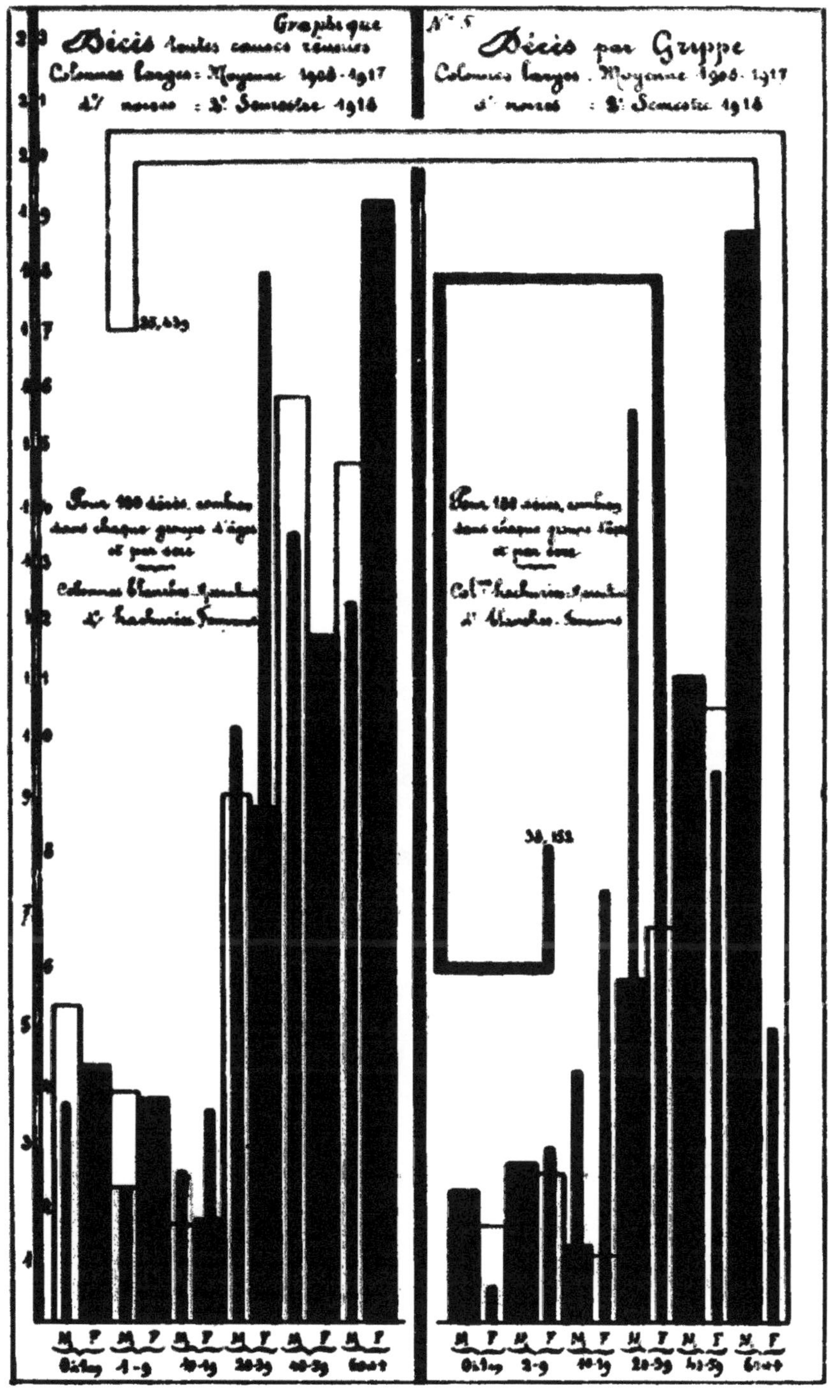
Graphique N° 5
Décès
Décès par Grippe
M F M F M F M F M F M F

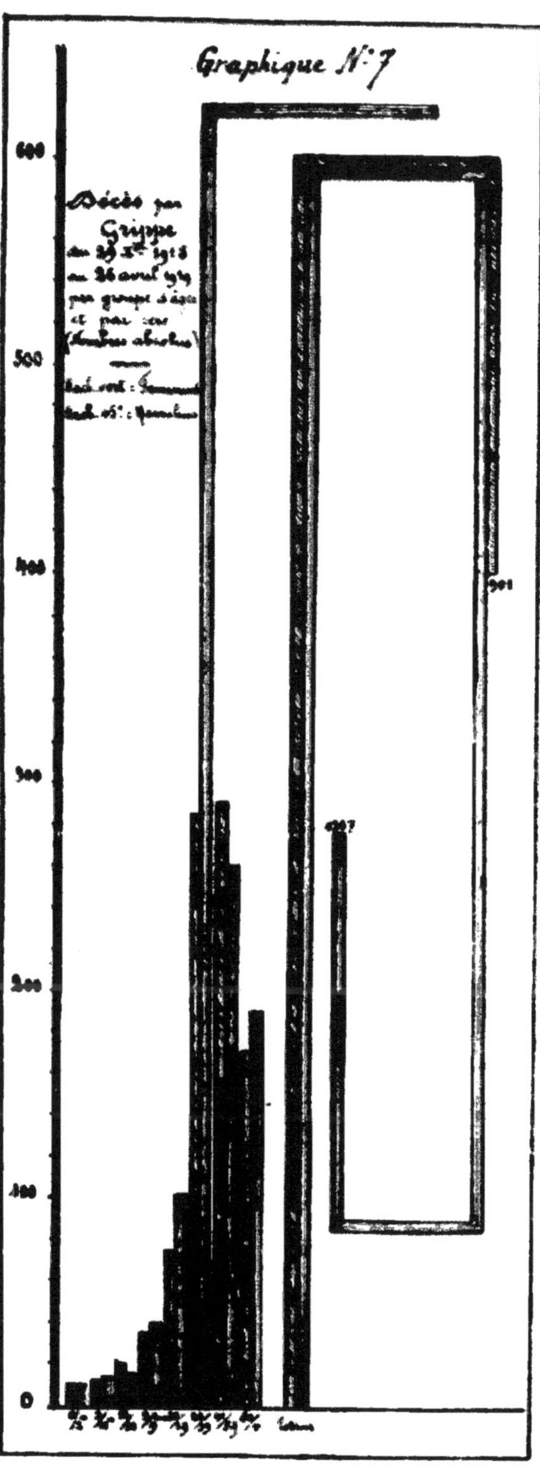
Graphique N° 7
Décès par
Grippe
par groupes d'âge
et par sexe
600
500
400
300
200
100
0
901

Le tableau 6 (3e partie) fixe dans chaque groupe d'âges et par sexe les coefficients pour la période du 30 juin au 28 décembre 1918.

Le graphique n° 5 établit par superposition :

1° Le pourcentage des décès, toutes causes réunies, constatés pendant la période antérieure 1908-1917 dans chaque groupe d'âges et par sexe, comparé aux décès pendant la période 30 juin-28 décembre 1918.

En 1918, dans tous les groupes d'âges et dans les deux sexes, la mortalité est inférieure à la moyenne annuelle de la période décennale antérieure, sauf pour les adolescents de dix à dix-huit ans et les adultes de vingt à trente-neuf ans pour qui la mortalité féminine fait plus que doubler, apportant une nouvelle preuve de la gravité du dommage de 1918.

2° Le pourcentage des décès causés par la grippe établi dans les mêmes conditions que ci-dessus.

En 1918, sauf pour les enfants du sexe féminin de deux à neuf ans, où elle excède légèrement la moyenne annelle antérieure, la grippe ne fait progresser la mortalité que pour les adultes des deux sexes de dix à dix-neuf ans et de vingt à trente-neuf ans.

Mais pour ceux-ci, ses effets sont particulièrement pernicieux. On relève notamment que la mortalité des femmes de vingt à trente-neuf ans est cinq fois et demie plus forte par rapport à la moyenne antérieure et cela confirme son influence déplorable sur le problème de la repopulation.

Enfin, pour terminer sur la période aiguë de l'épidémie de grippe en 1918-1919, on recherchera son degré de nocivité sur chaque groupe d'âges et, dans chacun, par sexe, c'est-à-dire quelle part la grippe a prise, dans la mortalité générale, ramenée à 1000 décès, toutes causes réunies, dans chaque catégorie.

La troisième moyenne du tableau 6 donne les résultats pour la période observée. La dernière ligne du tableau 7 permet d'établir la comparaison avec la même proportion décomptée sur l'ensemble des dix années précédentes 1908-1917.

Le graphique n° 6 est suffisamment éloquent pour éviter tout commentaire et la superposition en surface des coefficients aux deux époques considérées montre les ravages de l'épidémie grippale à Paris. La nocivité de la grippe, constamment croissante en temps normal depuis la naissance jusqu'à l'extrême vieillesse dans les deux sexes, a été renversée en 1918 : chez les hommes, elle croît de zéro à dix-neuf ans, puis décroît jusqu'à soixante ans et plus; chez les femmes, elle croît depuis zéro jusqu'à vingt à trente-neuf ans dans des proportions importantes, pour décroître dans la vieillesse.

Cette novicité se retrouve également plus forte chez les femmes de vingt à trente-neuf ans. Elle représente *cent soixante quinze fois* la normale.

2° *Période du 29 décembre 1918 au 26 avril 1919.*

La période du 29 décembre 1918 au 26 avril 1919 — sauf une recrudescence du 9 février au 22 mars avec maximum (424 décès) dans la semaine du 23 février au 1er mars — marque la décroissance de l'épidémie.

En se reportant au tableau 4, on constate 2.261 décès par grippe dont 901 masculins et 1.367 féminins; bien que dans une moins grande proportion (3 5), les femmes (60, 27 décès p. 100 meurent plus que les hommes (39, 73 p. 100).

Relativement aux grandes période de la vie, on compte :

Première enfance (moins de 1 an)	21 masculins.	22 féminins.
Enfance (1 à 9 ans)	55 —	55 —
Adolescence (10 à 19 ans)	76 —	103
Adultes (20 à 59 ans)	577 —	999 —
Vieillesse (60 ans et plus)	172 —	188
	901 masculins.	1.367 féminins.
	2.268	

Ce sont encore les adultes qui ont, dans cette période, été le plus éprouvés et parmi eux les femmes (63,4 sur 100 décès d'adultes, 73,15 p. 100 sur l'ensemble des décès féminins).

Le graphique n° 7 montre la relation des décès par grippe dans chaque groupe d'âges et par sexe dans la période du 28 décembre 1918 au 26 avril 1919, fin de l'épidémie.

Les mêmes conclusions que pour la première période s'imposent encore ici. On voudra bien s'y reporter.

Coëfficients des décès par grippe dans chaque âge et par sexe constatés du 29 Décembre 1918 au 26 Avril 1919.

TABLEAU 8.

DÉSIGNATION	[illegible] à 2 mois.		[illegible] à 12 mois.		12 à 24 mois.		2 à 9 ans.		10 à 19 ans.	
	M.	F.	M.	F.	M.	F.	M.	F.	M.	F.
Décès, toutes causes réunies	[illegible]	[illegible]	[illegible]	[illegible]	[illegible]	[illegible]	[illegible]	[illegible]	[illegible]	[illegible]
Décès par grippe	[illegible]	[illegible]	[illegible]	[illegible]	[illegible]	[illegible]	[illegible]	[illegible]	[illegible]	103
Pour 100 décès toutes causes réunies, combien par sexe dans chaque groupe d'âges *	[illegible]	[illegible]	[illegible]	[illegible]	[illegible]	[illegible]	1,624	[illegible]	[illegible]	[illegible]
Pour 100 décès par grippe, combien par sexe dans chaque groupe d'âges *	[illegible]	[illegible]	[illegible]	[illegible]	[illegible]	[illegible]	[illegible]	[illegible]	[illegible]	[illegible]
Pour 1.000 décès toutes causes réunies, combien dus à la grippe par sexe et pour chaque groupe d'âges *	[illegible]	[illegible]	[illegible]	[illegible]	[illegible]	[illegible]	110,4	[illegible]	[illegible]	[illegible]
Population (Recensement 1911 population présente)	[illegible]	[illegible]	[illegible]	[illegible]	[illegible]	[illegible]	[illegible]	[illegible]	[illegible]	[illegible]
Pour 10.000 habitants dans chaque âge et sexe, combien de décès toutes causes réunies *	[illegible]	[illegible]	[illegible]	[illegible]	[illegible]	[illegible]	[illegible]	[illegible]	[illegible]	[illegible]
Pour 10.000 habitants dans chaque âge et sexe, combien de décès par grippe *	[illegible]	[illegible]	[illegible]	[illegible]	14,15	[illegible]	[illegible]	[illegible]	[illegible]	[illegible]

DÉSIGNATION	20 à [illegible] ans.		[illegible] ans.		60 ans et plus.		Totaux.		Ensemble.
	M.	F.	M.	F.	M.	F.	M.	F.	
Décès, toutes causes réunies	[illegible]	[illegible]	[illegible]	[illegible]	[illegible]	[illegible]	[illegible]	[illegible]	[illegible]
Décès par grippe	[illegible]	[illegible]	[illegible]	[illegible]	[illegible]	[illegible]	[illegible]	[illegible]	[illegible]
Pour 100 décès toutes causes réunies, combien par sexe dans chaque groupe d'âges *	[illegible]	[illegible]	[illegible]	[illegible]	[illegible]	21,490	46,260	[illegible]	100,00
Pour 100 décès par grippe, combien par sexe dans chaque groupe d'âges *	[illegible]	[illegible]	[illegible]	[illegible]	[illegible]	[illegible]	[illegible]	60,271	100,00
Pour 1.000 décès toutes causes réunies, combien dus à la grippe par sexe et pour chaque groupe d'âges *	211,2	[illegible]	[illegible]	111,6	[illegible]	[illegible]	[illegible]	[illegible]	[illegible]
Population (Recensement 1911 population présente)	[illegible]	[illegible]	[illegible]	[illegible]	[illegible]	[illegible]	1 337 121	[illegible]	[illegible]
Pour 10.000 habitants dans chaque âge et sexe, combien de décès toutes causes réunies *	[illegible]	[illegible]	[illegible]	[illegible]	[illegible]	[illegible]	[illegible]	[illegible]	[illegible]
Pour 10.000 habitants dans chaque âge et sexe, combien de décès par grippe *	[illegible]	11,6	[illegible]	[illegible]	[illegible]	13,1	[illegible]	[illegible]	[illegible]

Le tableau 5, d'autre part, donne par semaine le nombre des décès, toutes causes réunies, dans chaque groupe d'âges et pour chaque sexe.

Le tableau 8 fixe les coefficients suivants :

1° Pour 100 décès, toutes causes réunies, combien s'appliquent par sexe dans chaque groupe d'âges ;

2° Pour 100 décès par grippe, combien frappent les mêmes catégories ;

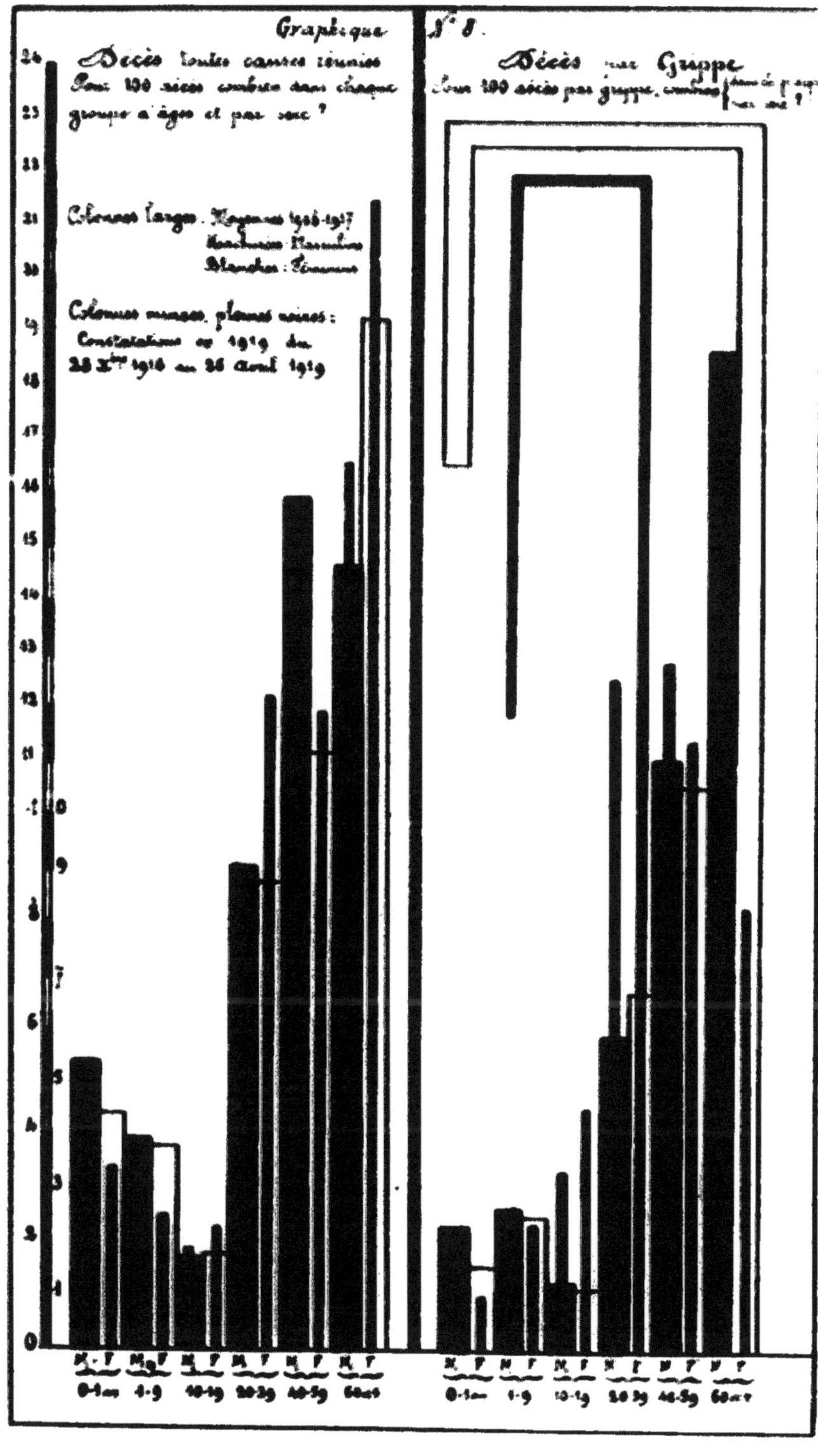
Graphique N° 8.
Décès toutes causes réunies
Pour 100 décès combien dans chaque
groupe d'âges et par sexe ?
Colonnes larges.
Colonnes minces, pleines noires :
Constatations en 1919 du
28 Xbre 1918 au 26 Avril 1919
Décès par Grippe

3° Dans chaque groupe d'âges et par sexe, combien de décès par grippe sur 1.000 décès, toutes causes réunies.

Le graphique n° 8 fait ressortir par superposition les différences existant entre les coefficients de même nature pour la période examinée du 28 décembre 1918 au 26 avril 1919 et dansla même période au cours des dix années antérieures.

L'étude du graphique de gauche — comparaison de la mortalité générale répartie entre les groupes d'âges et par sexe — démontre que dans la période de grippe (4 premiers mois de 1919) les décès de toutes causes sont moins fréquents chez les enfants de zéro à neuf ans des deux sexes, sensiblement semblables dans l'adolescence, moins nombreux chez les hommes de vingt à cinquante-neuf ans. A compter de dix ans jusqu'à l'extrême vieillesse, les femmes présentent des coefficients supérieurs à la moyenne, notamment dans la période de vingt à trente-neuf ans.

Au regard des enfants, les mêmes résultats ont été constatés pendant la période d'invasion grippale en 1918.

La mortalité plus faible de la première enfance est-elle due à une immunisation particulière à cet âge ou seulement à la diminution du nombre des enfants? Il n'est pas douteux que beaucoup de femmes enceintes ont été atteintes par la grippe en 1918 ; il restera à déterminer l'influence de l'épidémie sur la natalité, lorsque le temps aura permis de la constater.

La faible mortalité dans le groupe des adultes-hommes s'explique par l'absence d'un grand nombre de ceux-ci retenus aux armées (vingt à trente-neuf ans).

L'examen du graphique relatif à la grippe (partie droite) donne des résultats assez semblables, présentant cependant des écarts moins sensibles que ceux relevés dans la période de 1918. L'adolescence et les adultes des deux sexes présentent une mortalité supérieure à la moyenne décennale, surtout chez les femmes de vingt à trente-neuf ans, où elle est presque quatre fois plus forte. Ici, encore, l'enfance et la vieillesse sont très au-dessous de la moyenne dans la répartition des décès par grippe.

On a enfin déterminé la part prise par la grippe dans la mortalité générale des 4 premiers mois de 1919 et on l'a comparée à son action dans les 10 dernières années.

Même dans son déclin, l'épidémie grippale de 1918-1919 a durement frappé tous les groupes d'âges et les deux sexes.

Le graphique n° 9 montre, en surface, les différences entre les deux périodes examinées.

Chez les femmes de vingt à trente-neuf ans, la nocivité de la grippe dans la période décennale 1908-1917 est de 2,79 pour 1.000 décès; en 1919, elle est de 311, soit 111 fois plus active.

Son action s'exerce surtout, comme dans la première période, sur les adolescents et sur les adultes, et principalement sur les femmes. La raison pour laquelle les hommes sont moins atteints semble être la même : leur absence par retenue aux armées.

Jusqu'à son extinction complète, l'épidémie a conservé le même caractère, au point de vue de sa nocivité. Au lieu de croître avec l'âge des individus, elle a surtout causé des pertes parmi ceux qui avaient de vingt à trente-neuf ans.

3° Constatations d'ensemble du 30 juin 1918 au 26 avril 1919.

I. — Du 30 juin 1918 au 26 avril 1919, la mortalité générale à Paris se chiffre par 55.354 décès, dont 46.474 personnes domiciliées à Paris et 8.880 domiciliées hors Paris (tableau n° 1, page 5). Dans ce total 10.281 sont imputables à la grippe, affectant 8.475 personnes domiciliées à Paris et 1.806 hors Paris, soit :

18,56 p. 100 pour l'ensemble.
18,235 p. 100 pour les domiciliés à Paris;
et 20,315 p. 100 pour les non domiciliés.

Calculée sur les mois correspondants des dix années antérieures (1908-1917) la moyenne ressortit à 38.436 décès de personnes domiciliées à Paris, d'où, pour la période 1918-1919, un excédent de 8.038 décès; la grippe, pendant le même temps, accuse une moyenne de 152 décès à Paris, soit, pour la période d'épidémie, un excédent de 8.323 décès.

II. — Les 8.475 décès par grippe de personnes domiciliées à Paris se répartissent en 3.098 décès masculins et 5.377 décès féminins (tableau 4, page 14).

De 0 à 1 an	64 masculins.	57 féminins.		Première enfance.
De 1 à 9 ans	192 —	238 —		Enfance.
De 10 à 19 ans	343 —	565 —		Adolescence.
De 20 à 39 ans	1.256 —	3.107	2.106 h.	Adultes.
De 40 à 59 ans	850 —	909	4.016 f.	Adultes.
De 60 ans et plus	393 —	501 féminins.		Vieillesse.
Totaux	3.098 masculins.	5.377 féminins.		
	8.475			

Quant à la mortalité générale des domiciliés à Paris, elle se décompose en 21.657 décès masculins et 25.417 décès féminins, répartis comme suit (tableau 5, page 16) :

De 0 à 1 an	1.821 masculins.	1.319 féminins.		Première enfance.
De 1 à 9 ans	1.153 —	1.163 —		Enfance.
De 10 à 19 ans	1.039 —	1.529 —		Adolescence.
De 20 à 39 ans	4.103 —	7.238	10.495 h.	Âge adulte.
De 40 à 59 ans	6.392 —	5.312	12.750 f.	Âge adulte.
De 60 ans et plus	6.559 —	8.576 féminins.		Vieillesse.
Totaux	21.657 masculins.	25.417 féminins.		
	46.474			

La moyenne annuelle (12 mois) de la mortalité totale est, dans les dix années antérieures :

De 0 à 1 an	2.498,1 masculins.	2.016,6 féminins.		Première enfance.
De 1 à 9 ans	1.809,4 —	1.751,5 —		Enfance.
De 10 à 19 ans	779,1 —	792,0 —		Adolescence.
De 20 à 39 ans	4.179,2 —	4.050,4	11.502,8 h.	Âge adulte.
De 40 à 59 ans	7.323,6 —	5.136,1	9.186,5 f.	Âge adulte.
De 60 ans et plus	6.767,6 —	8.876,3 féminins.		Vieillesse.
Totaux	23.357,0 masculins.	22.622,8 féminins.		
	45.979,8			

On remarque que de dix à dix-neuf ans, de vingt à trente-neuf ans dans les deux sexes et de quarante à cinquante-neuf ans chez les femmes, la mortalité a été plus considérable en dix mois d'épidémie que durant l'année moyenne entière pour la période décennale antérieure.

Ramenée aux dix mois correspondant à l'épidémie de grippe, soit de juillet à avril, cette mortalité serait la suivante :

De 0 à 1 an	2.100,8 masculins.	1.692,2 féminins		Première enfance.
De 1 à 9 ans	1.581,2 —	1.532,2 —		Enfance.
De 10 à 19 ans	583,1 —	582,2 —		Adolescence.
De 20 à 39 ans	3.444,0 —	3.352,0	9.550,5 h.	Âge adulte
De 40 à 59 ans	6.106,5 —	4.299,7	7.651,7 f.	Âge adulte
De 60 ans et plus	5.740,3 —	7.621,6 féminins.		Vieillesse.
Totaux	19.555,9 masculins.	18.979,9 féminins.		
	38.535,8			

La moyenne décennale comparée à la mortalité en 1918 fait ressortir les différences suivantes :

	En moins		En plus	
	Masculins	Féminins	Masculins	Féminins
	—	—	—	—
De 0 à 1 an	279,8	173,2	—	—
De 1 à 9 ans	338,2	289,2	—	—
De 10 à 19 ans	—	—	455,9	846,8
De 20 à 39 ans	—	—	659,0	3.886,0
De 40 à 59 ans	—	—	285,5	1.212,4
De 60 ans et plus	—	—	818,7	954,4
Totaux	618,0	462,4	2.219,1	6.899,5
Différences			1.601,1	6.437,1
En plus			8.038,2	

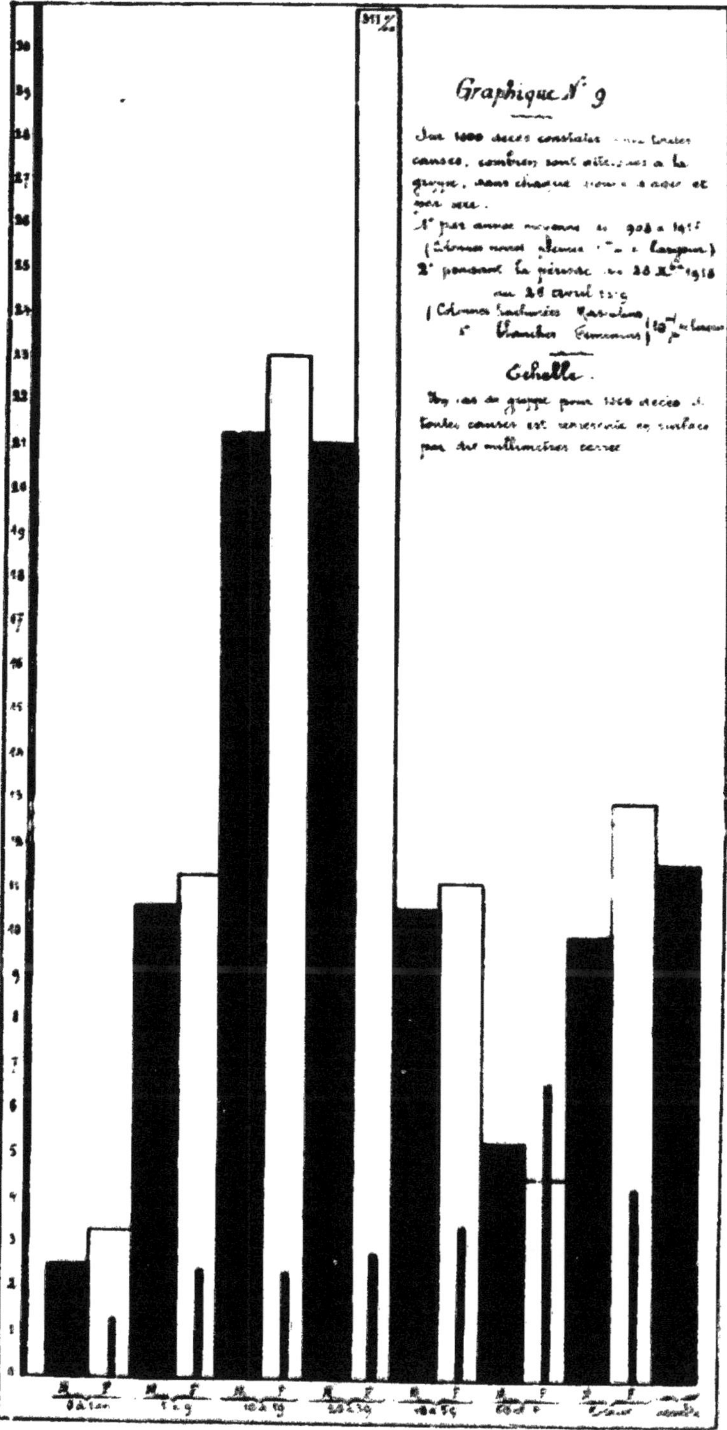
311 ‰
Graphique N° 9
Echelle.

Coefficients des décès par grippe dans chaque âge et sexe du 30 juin 1918 au 26 avril 1919.

TABLEAU 9.

DÉSIGNATION	De 0 à 1 an		De 1 à 9 ans		De 10 à 19 ans		De 20 à 39 ans	
	M.	F.	M.	F.	M.	F.	M.	F.
Décès, toutes causes réunies	1.921	[illegible]	1.163	1.162	1.029	[illegible]	[illegible]	[illegible]
Décès par grippe	64	[illegible]	192	236	[illegible]	[illegible]	[illegible]	[illegible]
Pour 100 décès, toutes causes réunies, combien par sexe dans chaque groupe d'âges ?	1.921	3.266	2.661	2.657	[illegible]	[illegible]	8.842	[illegible]
Pour 100 décès par grippe, combien par sexe dans chaque groupe d'âges ?	0.734	0.672	[illegible]	[illegible]	4.046	[illegible]	[illegible]	[illegible]
Pour 1.000 décès, toutes causes réunies, combien dûs à la grippe dans chaque sexe et groupe d'âges ?	[illegible]	[illegible]	[illegible]	[illegible]	[illegible]	[illegible]	[illegible]	529,20
Population (recensement 1911), population présente	[illegible]	30.177	[illegible]	[illegible]	[illegible]	[illegible]	[illegible]	[illegible]
Pour 10.000 habitants dans chaque sexe et groupe d'âges, combien de décès, toutes causes réunies ?	[illegible]	769,2	[illegible]	[illegible]	[illegible]	70,66	[illegible]	[illegible]
Pour 10.000 habitants dans chaque sexe et groupe d'âges, combien de décès par grippe ?	[illegible]	[illegible]	[illegible]	[illegible]	17,98	27,92	22,09	[illegible]

DÉSIGNATION	De 40 à 59 ans.		De 60 ans et plus.		Totaux		Ensemble
	M.	F.	M.	F.	M.	F.	
Décès, toutes causes réunies	6.192	[illegible]	[illegible]	[illegible]	[illegible]	25.417	[illegible]
Décès par grippe	[illegible]	909	[illegible]	[illegible]	[illegible]	[illegible]	[illegible]
Pour 100 décès, toutes causes réunies, combien par sexe dans chaque groupe d'âges ?	[illegible]	11,950	[illegible]	[illegible]	[illegible]	[illegible]	100
Pour 100 décès par grippe, combien par sexe dans chaque groupe d'âges ?	[illegible]	[illegible]	[illegible]	[illegible]	[illegible]	[illegible]	100
Pour 1.000 décès, toutes causes réunies, combien dûs à la grippe dans chaque sexe et groupe d'âges ?	[illegible]	[illegible]	[illegible]	[illegible]	[illegible]	[illegible]	[illegible]
Population (Recensement 1911), population présente	[illegible]	[illegible]	[illegible]	[illegible]	[illegible]	[illegible]	[illegible]
Pour 10.000 habitants dans chaque sexe et groupe d'âges, combien de décès, toutes causes réunies ?	[illegible]	[illegible]	[illegible]	[illegible]	[illegible]	[illegible]	[illegible]
Pour 10.000 habitants dans chaque sexe et groupe d'âges, combien de décès par grippe ?	[illegible]	[illegible]	[illegible]	[illegible]	[illegible]	[illegible]	[illegible]

La grippe a donc fait augmenter de 2.219,1 le nombre des décès masculins avec 944,5 (659 + 285,5) pour l'âge adulte, malgré l'absence de la majorité des hommes de vingt à quarante-deux ans retenus aux armées.

Elle a augmenté de 6,889,5 le nombre des décès féminins avec 5,098,3 (3,886 + 1,212,4) pour l'âge adulte.

Les enfants ont été épargnés et la mortalité pour eux est inférieure à la moyenne.

Tels sont, en résumé, les effets de l'épidémie de grippe de juillet 1918 à avril 1919.

***

Dans quelle proportion la grippe a-t-elle contribué à cette augmentation de mortalité ?

Le tableau 9 donne des coefficients relatifs à :

1° La répartition entre les groupes d'âges de 100 décès dûs à toutes causes;

2° La répartition entre les mêmes groupes d'âges de 100 décès dûs à la grippe;

3° La proportion pour 1.000 des décès imputés à la grippe.

Il demeure entendu que dans la catégorie « grippe » ne sont compris que les décès signalés par les médecins-inspecteurs de l'état civil dûs à la cause n° 10 « grippe », à l'exclusion de tous autres décès où la grippe aurait une part concurremment avec une autre maladie.

Le tableau n° 7 fournit les mêmes renseignements pour la période de comparaison 1908-1917.

La mortalité par grippe qui ne s'élève en moyenne qu'à 3,621 pour 1.000 dans cette période, passe en 1918-19 à 182,35, ce qui représente sensiblement 50 fois plus.

Chez les hommes, elle atteint, tous âges réunis, 147,12 p. 1000 au lieu de 2,987 soit près de 50 fois la moyenne; chez les femmes, 211,58 p. 1000 au lieu de 4,274 ce qui constitue une augmentation identique.

La grippe aurait donc sévi avec la même intensité pour chaque sexe.

L'examen des coefficients propres à chaque groupe d'âges présente des particularités intéressantes à noter :

Dans la période décennale antérieure, chez les hommes, les coefficients :

1,521 2,487 2,695 2,345 2,512 4,609

sont en progression sensiblement positive de la naissance à la vieillesse, marquant un très léger fléchissement à l'âge adulte.

Chez les femmes, les mêmes coefficients

1,339 2,398 2,398 2,796 3,246 6,648

constituent une progression ascendante nettement marquée de la naissance à la vieillesse, avec une fréquence intensifiée dans cette période.

Pendant l'épidémie de 1918-1919, ces coefficients deviennent chez les hommes :

35,15 167,95 330,10 306,2 132,98 59,92

le maximum est atteint chez les hommes de dix à dix-neuf ans avec rapide décroissance jusqu'à la vieillesse.

Chez les femmes, ils sont :

37,53 208,20 395,5 429,20 164,90 58,41

Il s'ensuit que pour les femmes :

1° Tous les coefficients à âges correspondants sont de beaucoup supérieurs à ceux notés pour les hommes, sauf dans la vieillesse.

2° La fréquence de la grippe croît rapidement de zéro à vingt ans, marque un maximum 11 fois supérieur au départ dans le groupe vingt-trente-neuf ans et décroît aussi rapidement pour devenir inférieur à la mortalité masculine après soixante ans.

Le graphique n° 10 met en évidence ces particularités dans la répartition des décès par grippe suivant l'âge et le sexe.

Il a semblé intéressant de rechercher la mortalité à Paris pour 10.000 habitants et de noter le nombre de décès dûs à la grippe pour une même quantité de population pendant la période de juillet 1918 à avril 1919. On a utilisé pour cela les résultats du recensement général de 1911, sur lesquels des réserves ont été faites ci-dessus.

La mortalité générale est de 163,25 p. 1000 avec 29,77 décès dûs à la grippe.

Relativement au nombre d'individus composant chaque groupe d'âges, le maximum de mortalité

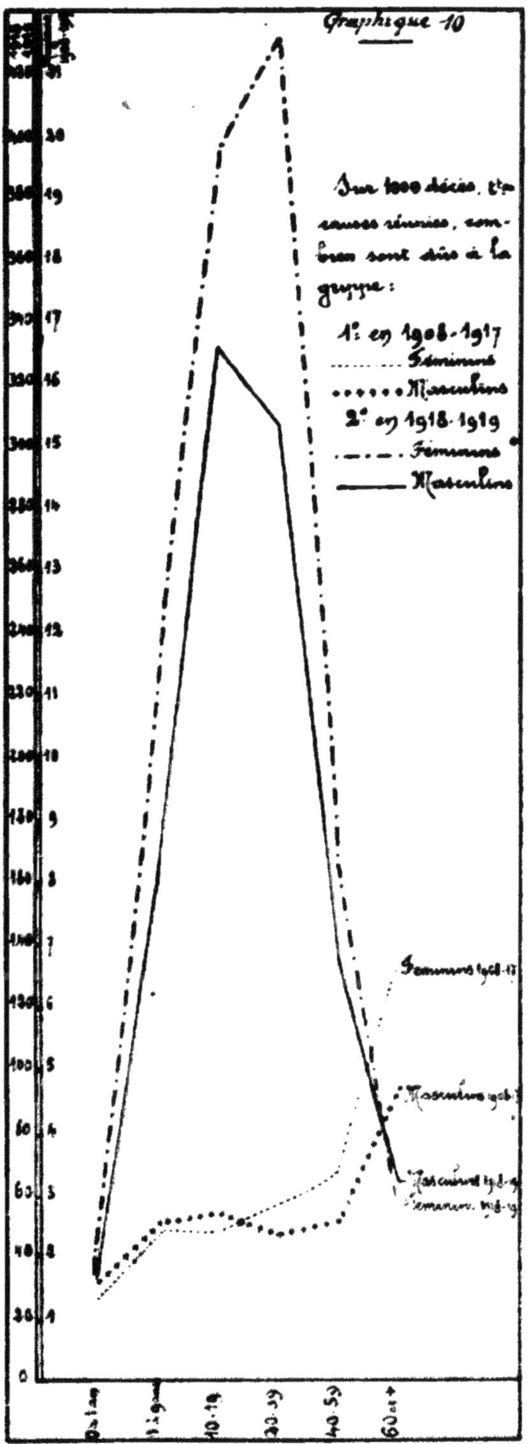
Graphique 10
Sur 1000 décès, t^tes causes réunies, combien sont dûs à la grippe :
1° en 1908-1917
Féminins
Masculins
2° en 1918-1919
Féminins
Masculins

par grippe est atteint chez les hommes de soixante ans et plus avec 55,55 p. 1 000 et chez les femmes de vingt à trente-neuf ans avec 48,70 p. 1 000.

Ces constatations confirment la gravité exceptionnelle de l'épidémie de 1918-19 qui a surtout frappé les femmes en âge de devenir mères. Les hommes adultes présentent par contre un coefficient plus bas, 22,09 p. 1 000 qui est notoirement erroné. En effet, en 1911, tous les hommes de vingt à trente-neuf ans étaient présents ; en 1918, la plus grande partie est encore aux armées ou a disparu pendant les quatre ans de campagne. On ne peut donc faire aucune observation sérieuse à ce dernier point de vue.

Les données trop anciennes fournies par le recensement de 1911 ne permettent pas d'établir un rapprochement entre les effets de l'épidémie de grippe 1918-1919 et ceux d'autres épidémies également graves observées au cours des XIXe et XXe siècles.

4° *Mortalité par grippe dans les arrondissements et les quartiers.*

a) Par arrondissements :

La grippe, maladie transmissible, s'est étendue sur tout Paris sans fixer de trajet observable. Jusqu'à la trente-huitième semaine, quelques cas disséminés sont signalés, tantôt dans un quartier, tantôt dans un autre. Au bout de la trente-huitième semaine, elle est générale dans tous les arrondissements. Le nombre des décès passe alors brusquement de 15 à 53, puis à 94, 192, 472, 890, 1 263, maximum de l'épidémie.

On a cherché à établir comment ces décès se répartissent entre les arrondissements et les quartiers parisiens et quels secteurs ont été plus malmenés ; enfin on a tenté de déterminer quelles circonstances de lieu ou de fait peuvent favoriser l'action de la grippe.

Dans le tableau n° 10 sont notés par semaine, pour chaque quartier et arrondissement, les décès dûs à toutes causes réunies,

Le tableau n° 11 relate les décès causés par la grippe dans les mêmes circonscriptions.

Le tableau n° 12 montre par arrondissement :

a) les décès dûs à toutes causes pendant toute la période épidémique (30 juin 1918-26 avril 1919) ;

b) les décès dûs à la grippe dans la même période ;

c) la population domiciliée, d'après le recensement du 5 mars 1911.

d) la répartition de 100 décès, toutes causes réunies, entre les vingt arrondissements ;

e) la même répartition pour 100 décès par grippe ;

f) la proportion due à la grippe pour 1 000 décès ;

g) la mortalité générale pour 10 000 habitants ;

h) la mortalité par grippe par 10 000 habitants.

L'examen de ces divers coefficients révèle l'absence absolue de corrélation entre la mortalité générale et la mortalité par grippe. L'action grippale est nettement indépendante et n'influe pas sur la mortalité générale. Pour permettre les comparaisons, on a rapporté tous les nombres absolus à 10 000 habitants. On constate, par exemple, que le maximum de nocivité de la grippe est atteint par le Ve arrondissement, avec 36,42 p. 1 000, coefficient très supérieur à la moyenne 29,35.

Cette forte proportion n'entraine cependant qu'une mortalité générale inférieure à la moyenne de Paris (166 au lieu de 169). Par contre, le maximum de mortalité générale, 219,6, constaté dans le XIIIe arrondissement, correspond à un coefficient de décès par grippe inférieur à la moyenne (29,15). Dans le XXe arrondissement, l'action de la grippe provoque 35,30 décès qui correspondent à une mortalité générale de 191,25 p. 1 000.

La série des coefficients (*f*) montre d'ailleurs la proportion très inégale de la grippe dans la mortalité générale allant de 24,26 p. 1 000 (VIIe arrondissement) à 13,27 p. 1 000 (XIIIe arrondissement).

Dans son étude de l'épidémie de grippe de 1889-1890, le docteur Jacques Bertillon a cherché à expliquer ces différences d'action de la grippe dans les arrondissements. Notamment, il a essayé de déterminer si les conditions d'existence plus ou moins faciles avaient une répercussion sur la mortalité.

Après classement des vingt arrondissements de Paris, suivant les conditions de vie présumées des habitants, en six catégories : très riches, riches, très aisés, aisés, pauvres, très pauvres, le docteur J. Bertillon conclut que « l'influence de la richesse sur la gravité de la grippe n'a pas été nulle, mais qu'elle a été faible ». La classification du docteur Bertillon est quelque peu artificielle, car les quartiers même réputés très riches comportent une notable population appartenant aux classes modestes ou

Décès, toutes causes réunies, pendant l'épidémie de grippe de 1918-1919

QUARTIERS et ARRONDISSEMENTS	27e semaine 1918	28e semaine 1918	29e semaine 1918	30e semaine 1918	31e semaine 1918	32e semaine 1918	33e semaine 1918	34e semaine 1918	35e semaine 1918	36e semaine 1918	37e semaine 1918	38e semaine 1918	39e semaine 1918	40e semaine 1918	41e semaine 1918	42e semaine 1918	43e semaine 1918	44e semaine 1918	45e semaine 1918	46e semaine 1918
1 St-Germain-l'Auxerrois	1	1	[illegible]	[illegible]	—	—	—	2	1	—	—	2	—	1	3	6	6	6	2	—
2 Les Halles	3	[illegible]	3	6	6	4	13	5	3	[illegible]	5	[illegible]	6	[illegible]	12	21	31	21	11	12
3 Palais-Royal	1	1	[illegible]	—	—	—	2	1	3	[illegible]	2	4	[illegible]	1	3	[illegible]	15	9	6	6
4 Place Vendôme	2	[illegible]	4	—	—	[illegible]	[illegible]	—	—	3	1	4	1	1	3	12	17	2	[illegible]	1
Ier Arrondissement	[illegible]	10	14	6	6	[illegible]	14	9	9	6	[illegible]	18	9	11	22	62	68	34	25	17
5 Gaillon	1	[illegible]	1	1	2	1	1	—	—	—	—	—	—	2	1	2	[illegible]	[illegible]	2	2
6 Vivienne	—	1	[illegible]	1	1	1	—	—	4	2	1	2	—	5	—	[illegible]	1	[illegible]	4	[illegible]
7 Mail	1	[illegible]	3	3	2	—	2	2	[illegible]	2	3	2	4	[illegible]	4	11	12	22	[illegible]	3
8 Bonne-Nouvelle	[illegible]	[illegible]	[illegible]	[illegible]	[illegible]	[illegible]	[illegible]	[illegible]	[illegible]	10	11	[illegible]	11	11	12	19	12	26	11	2
IIe Arrondissement	[illegible]	13	14	[illegible]	12	6	11	10	14	15	13	10	15	22	17	60	43	37	24	10
9 Arts et Métiers	[illegible]	[illegible]	10	3	5	3	3	3	6	6	5	1	6	10	13	17	22	13	11	7
10 Enfants Rouges	1	[illegible]	6	6	2	2	[illegible]	2	9	2	1	5	[illegible]	7	9	13	24	12	[illegible]	8
11 Archives	[illegible]	6	2	[illegible]	[illegible]	6	[illegible]	6	3	4	[illegible]	[illegible]	4	6	[illegible]	15	[illegible]	11	9	8
12 St-Avoye	[illegible]	3	[illegible]	[illegible]	2	[illegible]	5	8	5	—	[illegible]	[illegible]	6	9	[illegible]	17	21	[illegible]	9	13
IIIe Arrondissement	[illegible]	17	25	19	13	[illegible]	22	24	21	12	31	23	24	32	38	64	82	36	37	38
13 St-Merri	6	9	6	11	6	2	8	3	7	5	12	[illegible]	3	5	12	20	33	19	11	12
14 St-Gervais	10	11	8	8	7	14	19	7	12	[illegible]	13	20	12	12	21	38	67	30	21	14
15 Arsenal	4	1	2	4	4	1	7	—	2	3	4	2	2	9	5	11	17	9	12	[illegible]
16 Notre-Dame	4	6	[illegible]	6	1	[illegible]	2	2	[illegible]	4	[illegible]	6	[illegible]	[illegible]	16	17	[illegible]	16	11	9
IVe Arrondissement	22	27	21	27	20	22	23	12	[illegible]	19	31	29	26	21	56	[illegible]	117	71	[illegible]	[illegible]
17 St-Victor	14	2	6	3	10	8	6	4	[illegible]	9	4	8	6	7	13	18	28	27	18	5
18 Jardin des Plantes	[illegible]	9	[illegible]	9	9	[illegible]	[illegible]	[illegible]	9	[illegible]	6	6	5	[illegible]	17	22	30	25	20	13
19 Val-de-Grâce	[illegible]	9	9	15	21	3	11	10	[illegible]	[illegible]	[illegible]	20	11	[illegible]	24	29	25	44	29	13
20 Sorbonne	[illegible]	[illegible]	6	2	6	3	[illegible]	7	[illegible]	8	9	9	15	1	10	16	16	21	14	11
Ve Arrondissement	18	[illegible]	31	31	44	25	28	28	30	31	26	43	37	19	64	[illegible]	99	120	83	[illegible]
21 Monnaie	[illegible]	[illegible]	2	2	3	6	1	6	6	4	5	6	6	4	9	19	10	22	11	11
22 Odéon	[illegible]	[illegible]	[illegible]	3	[illegible]	3	6	5	3	2	3	6	4	7	[illegible]	10	19	47	15	11
23 Notre-Dame-des-Champs	4	6	11	12	4	3	[illegible]	3	8	8	7	15	12	10	14	32	23	48	14	18
24 St-Germain-des-Prés	4	4	4	4	4	3	6	3	4	1	2	1	1	9	6	12	[illegible]	25	[illegible]	3
VIe Arrondissement	21	[illegible]	24	20	21	17	24	19	19	15	[illegible]	26	23	34	[illegible]	72	[illegible]	112	[illegible]	[illegible]
25 St-Thomas-d'Aquin	4	1	6	3	3	4	1	2	1	4	[illegible]	1	[illegible]	[illegible]	10	[illegible]	18	16	14	6
26 Invalides	[illegible]	1	1	2	1	—	—	1	2	1	3	2	2	5	4	6	8	[illegible]	[illegible]	4
27 École-Militaire	[illegible]	4	[illegible]	4	2	1	[illegible]	[illegible]	2	[illegible]	4	3	6	[illegible]	10	12	12	12	10	12
28 Gros-Caillou	[illegible]	4	[illegible]	6	13	4	4	4	4	4	12	[illegible]	5	11	21	24	[illegible]	29	16	13
VIIe Arrondissement	17	14	18	19	22	14	14	[illegible]	13	18	20	[illegible]	18	27	[illegible]	[illegible]	[illegible]	62	62	[illegible]
29 Champs-Élysées	[illegible]	[illegible]	1	2	1	1	1	—	—	[illegible]	1	—	1	—	6	6	4	15	3	3
30 Faubourg-du-Roule	[illegible]	[illegible]	3	3	[illegible]	[illegible]	[illegible]	6	4	4	—	[illegible]	4	[illegible]	13	13	24	16	11	12
31 Madeleine	1	4	2	4	1	—	—	[illegible]	2	1	—	4	3	[illegible]	10	11	24	27	[illegible]	1
32 Europe	[illegible]	3	[illegible]	5	[illegible]	[illegible]	[illegible]	[illegible]	—	4	[illegible]	[illegible]	[illegible]	[illegible]	15	2	12	14	16	[illegible]
VIIIe Arrondissement	[illegible]	[illegible]	8	11	[illegible]	[illegible]	[illegible]	[illegible]	6	17	[illegible]	17	15	17	[illegible]	[illegible]	[illegible]	[illegible]	[illegible]	23
33 St-Georges	[illegible]	[illegible]	4	4	[illegible]	6	4	[illegible]	3	4	1	[illegible]	14	15	12	[illegible]	[illegible]	20	12	11
34 Chaussée-d'Antin	3	1	—	1	[illegible]	1	[illegible]	2	1	[illegible]	1	[illegible]	1	2	[illegible]	[illegible]	[illegible]	[illegible]	[illegible]	1
35 Faubourg-Montmartre	[illegible]	2	[illegible]	[illegible]	6	6	4	3	3	1	7	7	[illegible]	2	[illegible]	[illegible]	11	14	8	3
36 Rochechouart	[illegible]	[illegible]	[illegible]	4	[illegible]	7	8	6	3	2	[illegible]	[illegible]	4	[illegible]	[illegible]	[illegible]	16	23	24	12
IXe Arrondissement	22	[illegible]	12	[illegible]	[illegible]	17	20	[illegible]	16	11	20	[illegible]	[illegible]	[illegible]	[illegible]	[illegible]	[illegible]	[illegible]	[illegible]	29
37 St-Vincent-de-Paul	11	[illegible]	[illegible]	[illegible]	[illegible]	[illegible]	[illegible]	[illegible]	12	16	19	[illegible]	[illegible]	[illegible]	17	[illegible]	[illegible]	[illegible]	[illegible]	22
38 Porte-St-Denis	[illegible]	6	[illegible]	6	—	6	[illegible]	[illegible]	[illegible]	[illegible]	[illegible]	6	[illegible]	[illegible]	12	19	[illegible]	[illegible]	17	6
39 Porte-St-Martin	[illegible]	11	[illegible]	8	[illegible]	[illegible]	6	[illegible]	[illegible]	[illegible]	[illegible]	[illegible]	14	9	13	[illegible]	[illegible]	[illegible]	[illegible]	17
40 Hôpital-St-Louis	14	[illegible]	[illegible]	6	[illegible]	[illegible]	[illegible]	[illegible]	12	11	12	[illegible]	20	17	16	[illegible]	[illegible]	[illegible]	24	11
Xe Arrondissement	[illegible]	[illegible]	[illegible]	[illegible]	[illegible]	[illegible]	29	[illegible]	[illegible]	[illegible]	[illegible]	[illegible]	67	[illegible]	[illegible]	[illegible]	[illegible]	[illegible]	[illegible]	[illegible]

(30 Juin 1918-26 Avril 1919) par semaine, par quartier et par arrondissement.

TABLEAU 10.

47e semaine 1918	48e semaine 1918	49e semaine 1918	50e semaine 1918	51e semaine 1918	52e semaine 1918	1re semaine 1919	2e semaine 1919	3e semaine 1919	4e semaine 1919	5e semaine 1919	6e semaine 1919	7e semaine 1919	8e semaine 1919	9e semaine 1919	10e semaine 1919	11e semaine 1919	12e semaine 1919	13e semaine 1919	14e semaine 1919	15e semaine 1919	16e semaine 1919	17e semaine 1919	Totaux par quartier	Totaux par arrondissement
2	—	2	2	3	—	1	1	1	1	2	6	4	[illegible]	[illegible]	1	[illegible]	2	1	3	[illegible]	[illegible]	[illegible]	[illegible]	
16	10	11	12	8	6	6	[illegible]	8	11	9	12	[illegible]	[illegible]	[illegible]	11	[illegible]	16	12	6	4	6	[illegible]	[illegible]	
6	5	6	[illegible]	2	6	2	[illegible]	2	6	[illegible]	6	6	11	[illegible]	6	[illegible]	[illegible]	[illegible]	[illegible]	6	[illegible]	[illegible]	130	
2	1	2	[illegible]	—	1	6	[illegible]	1	2	1	3	[illegible]	6	[illegible]	—	—	1	[illegible]	[illegible]	6	[illegible]	[illegible]	129	
26	16	20	27	12	12	16	16	12	20	13	29	16	[illegible]	16	14	[illegible]	20	21	14	[illegible]	[illegible]	[illegible]		[illegible]
1	4	2	2	—	1	1	1	1	1	1	1	1	2	2	[illegible]	1	[illegible]	[illegible]	[illegible]	—	[illegible]	—	[illegible]	
4	3	6	3	2	1	2	2	2	—	[illegible]	[illegible]	[illegible]	[illegible]	[illegible]	1	[illegible]	11	2	1	[illegible]	[illegible]	[illegible]	[illegible]	
4	6	3	3	4	1	3	[illegible]	[illegible]	[illegible]	[illegible]	6	11	14	[illegible]	[illegible]	[illegible]	[illegible]	[illegible]	6	[illegible]	[illegible]	[illegible]	120	
10	9	9	14	14	16	9	11	10	[illegible]	10	10	12	16	14	[illegible]	11	[illegible]	12	4	4	[illegible]	11	[illegible]	
19	[illegible]	20	[illegible]	[illegible]	20	15	[illegible]	22	[illegible]	21	21	[illegible]	[illegible]	[illegible]	14	[illegible]	[illegible]	[illegible]	[illegible]	[illegible]	[illegible]	[illegible]		[illegible]
6	4	12	[illegible]	6	4	11	4	6	6	[illegible]	[illegible]	10	17	[illegible]	6	12	[illegible]	6	[illegible]	[illegible]	[illegible]	11	[illegible]	
8	9	[illegible]	6	[illegible]	[illegible]	2	[illegible]	10	[illegible]	[illegible]	10	10	11	12	[illegible]	[illegible]	[illegible]	[illegible]	[illegible]	[illegible]	[illegible]	[illegible]	[illegible]	
6	6	[illegible]	[illegible]	[illegible]	[illegible]	6	[illegible]	[illegible]	[illegible]	[illegible]	[illegible]	12	[illegible]	12	12	[illegible]	[illegible]	[illegible]	[illegible]	[illegible]	6	[illegible]	[illegible]	
6	3	[illegible]	12	3	[illegible]	[illegible]	[illegible]	11	[illegible]	2	10	12	[illegible]	19	12	10	[illegible]	[illegible]	[illegible]	[illegible]	[illegible]	10	[illegible]	
27	26	[illegible]	19	23	27	22	[illegible]	32	[illegible]	22	30	[illegible]	[illegible]	[illegible]	[illegible]	[illegible]	[illegible]	[illegible]	[illegible]	[illegible]	[illegible]	[illegible]		[illegible]
10	7	11	11	7	9	11	[illegible]	6	6	10	10	18	16	17	14	[illegible]	[illegible]	12	[illegible]	[illegible]	[illegible]	10	[illegible]	
9	17	16	[illegible]	[illegible]	[illegible]	[illegible]	[illegible]	12	26	[illegible]	22	28	27	26	[illegible]	12	[illegible]	[illegible]	12	[illegible]	[illegible]	[illegible]	[illegible]	
3	4	2	[illegible]	11	[illegible]	[illegible]	2	6	6	[illegible]	[illegible]	12	17	[illegible]	[illegible]	10	[illegible]	[illegible]	[illegible]	[illegible]	[illegible]	[illegible]	[illegible]	
4	6	6	[illegible]	10	[illegible]	3	6	[illegible]	6	1	14	[illegible]	[illegible]	[illegible]	[illegible]	[illegible]	[illegible]	[illegible]	[illegible]	[illegible]	[illegible]	[illegible]	[illegible]	
28	38	[illegible]	[illegible]	[illegible]	[illegible]	46	40	27	[illegible]	27	[illegible]	[illegible]	[illegible]	[illegible]	[illegible]	[illegible]	[illegible]	[illegible]	[illegible]	[illegible]	[illegible]	[illegible]		[illegible]
6	14	11	14	8	11	12	[illegible]	[illegible]	11	[illegible]	[illegible]	[illegible]	[illegible]	[illegible]	[illegible]	[illegible]	[illegible]	[illegible]	[illegible]	[illegible]	[illegible]	[illegible]	[illegible]	
12	18	[illegible]	12	11	[illegible]	[illegible]	[illegible]	[illegible]	[illegible]	[illegible]	17	[illegible]	[illegible]	22	[illegible]	[illegible]	[illegible]	[illegible]	[illegible]	[illegible]	[illegible]	[illegible]	[illegible]	
15	11	13	[illegible]	11	12	14	19	[illegible]	12	[illegible]	17	[illegible]	[illegible]	[illegible]	[illegible]	[illegible]	[illegible]	[illegible]	[illegible]	[illegible]	[illegible]	[illegible]	[illegible]	
3	[illegible]	[illegible]	10	[illegible]	[illegible]	[illegible]	[illegible]	10	[illegible]	[illegible]	21	[illegible]	[illegible]	[illegible]	[illegible]	[illegible]	[illegible]	[illegible]	[illegible]	[illegible]	[illegible]	[illegible]	[illegible]	
[illegible]	[illegible]	[illegible]	[illegible]	[illegible]	[illegible]	[illegible]	41	[illegible]	[illegible]	[illegible]	[illegible]	[illegible]	[illegible]	[illegible]	[illegible]	[illegible]	[illegible]	[illegible]	[illegible]	[illegible]	[illegible]	[illegible]		[illegible]
5	[illegible]	13	[illegible]	6	[illegible]	6	6	[illegible]	[illegible]	[illegible]	6	[illegible]	[illegible]	[illegible]	[illegible]	[illegible]	[illegible]	[illegible]	[illegible]	[illegible]	[illegible]	[illegible]	[illegible]	
12	[illegible]	11	[illegible]	[illegible]	11	11	12	11	12	[illegible]	12	[illegible]	[illegible]	[illegible]	[illegible]	[illegible]	[illegible]	[illegible]	[illegible]	[illegible]	[illegible]	[illegible]	[illegible]	
20	18	21	[illegible]	[illegible]	[illegible]	11	12	18	[illegible]	[illegible]	20	27	[illegible]	[illegible]	[illegible]	[illegible]	[illegible]	[illegible]	[illegible]	[illegible]	[illegible]	[illegible]	[illegible]	
4	9	[illegible]	[illegible]	[illegible]	[illegible]	9	6	[illegible]	[illegible]	[illegible]	[illegible]	[illegible]	[illegible]	17	[illegible]	[illegible]	[illegible]	[illegible]	[illegible]	[illegible]	[illegible]	[illegible]	[illegible]	
[illegible]	[illegible]	[illegible]	[illegible]	43	[illegible]	[illegible]	[illegible]	[illegible]	[illegible]	[illegible]	[illegible]	[illegible]	[illegible]	[illegible]	[illegible]	[illegible]	[illegible]	[illegible]	[illegible]	[illegible]	[illegible]	[illegible]		[illegible]
8	[illegible]	9	[illegible]	[illegible]	[illegible]	12	[illegible]	11	[illegible]	[illegible]	[illegible]	[illegible]	[illegible]	[illegible]	[illegible]	[illegible]	[illegible]	[illegible]	[illegible]	1	[illegible]	[illegible]	[illegible]	
3	[illegible]	[illegible]	[illegible]	[illegible]	[illegible]	[illegible]	[illegible]	[illegible]	[illegible]	[illegible]	[illegible]	[illegible]	[illegible]	[illegible]	[illegible]	[illegible]	[illegible]	[illegible]	[illegible]	[illegible]	[illegible]	[illegible]	[illegible]	
8	[illegible]	[illegible]	[illegible]	[illegible]	[illegible]	[illegible]	[illegible]	[illegible]	[illegible]	[illegible]	[illegible]	[illegible]	[illegible]	[illegible]	[illegible]	[illegible]	[illegible]	[illegible]	[illegible]	[illegible]	[illegible]	[illegible]	[illegible]	
20	12	12	11	[illegible]	[illegible]	[illegible]	12	[illegible]	[illegible]	[illegible]	[illegible]	[illegible]	[illegible]	[illegible]	[illegible]	[illegible]	[illegible]	12	[illegible]	[illegible]	[illegible]	[illegible]	[illegible]	
17	2	41	[illegible]	[illegible]	[illegible]	[illegible]	[illegible]	[illegible]	[illegible]	[illegible]	[illegible]	[illegible]	[illegible]	[illegible]	[illegible]	[illegible]	[illegible]	[illegible]	[illegible]	[illegible]	[illegible]	[illegible]		[illegible]
[illegible]	[illegible]	6	[illegible]	[illegible]	[illegible]	[illegible]	[illegible]	[illegible]	[illegible]	[illegible]	[illegible]	[illegible]	[illegible]	[illegible]	[illegible]	[illegible]	[illegible]	[illegible]	[illegible]	[illegible]	[illegible]	[illegible]	[illegible]	
[illegible]	[illegible]	[illegible]	[illegible]	[illegible]	[illegible]	[illegible]	[illegible]	[illegible]	[illegible]	[illegible]	[illegible]	[illegible]	[illegible]	[illegible]	[illegible]	[illegible]	[illegible]	[illegible]	[illegible]	[illegible]	[illegible]	[illegible]	[illegible]	
[illegible]	[illegible]	[illegible]	[illegible]	[illegible]	11	[illegible]	11	[illegible]	[illegible]	[illegible]	[illegible]	[illegible]	[illegible]	[illegible]	[illegible]	[illegible]	[illegible]	[illegible]	[illegible]	[illegible]	[illegible]	[illegible]	[illegible]	
12	[illegible]	[illegible]	[illegible]	[illegible]	[illegible]	[illegible]	[illegible]	[illegible]	[illegible]	[illegible]	[illegible]	[illegible]	[illegible]	[illegible]	[illegible]	[illegible]	[illegible]	[illegible]	[illegible]	[illegible]	[illegible]	[illegible]	[illegible]	
[illegible]	[illegible]	[illegible]	[illegible]	[illegible]	[illegible]	[illegible]	[illegible]	[illegible]	[illegible]	[illegible]	[illegible]	[illegible]	[illegible]	[illegible]	[illegible]	[illegible]	[illegible]	[illegible]	[illegible]	[illegible]	[illegible]	[illegible]		[illegible]
11	[illegible]	[illegible]	11	[illegible]	[illegible]	[illegible]	[illegible]	[illegible]	[illegible]	[illegible]	[illegible]	[illegible]	[illegible]	[illegible]	[illegible]	11	[illegible]	[illegible]	[illegible]	[illegible]	[illegible]	[illegible]	[illegible]	
[illegible]	[illegible]	[illegible]	[illegible]	[illegible]	[illegible]	[illegible]	[illegible]	[illegible]	[illegible]	[illegible]	[illegible]	[illegible]	[illegible]	[illegible]	[illegible]	[illegible]	[illegible]	[illegible]	[illegible]	[illegible]	[illegible]	[illegible]	[illegible]	
[illegible]	[illegible]	[illegible]	[illegible]	[illegible]	[illegible]	[illegible]	[illegible]	[illegible]	[illegible]	[illegible]	[illegible]	[illegible]	[illegible]	[illegible]	[illegible]	[illegible]	[illegible]	[illegible]	[illegible]	[illegible]	[illegible]	[illegible]	[illegible]	
[illegible]	20	[illegible]	[illegible]	[illegible]	[illegible]	[illegible]	11	[illegible]	[illegible]	[illegible]	[illegible]	[illegible]	[illegible]	[illegible]	[illegible]	[illegible]	[illegible]	[illegible]	[illegible]	[illegible]	[illegible]	[illegible]	[illegible]	
[illegible]	[illegible]	[illegible]	[illegible]	[illegible]	[illegible]	[illegible]	[illegible]	[illegible]	[illegible]	[illegible]	[illegible]	[illegible]	[illegible]	[illegible]	[illegible]	[illegible]	[illegible]	[illegible]	[illegible]	[illegible]	[illegible]	[illegible]		[illegible]
[illegible]	[illegible]	[illegible]	[illegible]	[illegible]	[illegible]	[illegible]	[illegible]	[illegible]	[illegible]	[illegible]	[illegible]	[illegible]	[illegible]	[illegible]	[illegible]	[illegible]	[illegible]	[illegible]	[illegible]	[illegible]	[illegible]	[illegible]	[illegible]	
12	[illegible]	[illegible]	[illegible]	[illegible]	[illegible]	[illegible]	11	[illegible]	[illegible]	[illegible]	[illegible]	[illegible]	[illegible]	[illegible]	[illegible]	[illegible]	[illegible]	[illegible]	[illegible]	[illegible]	[illegible]	[illegible]	[illegible]	
[illegible]	11	[illegible]	[illegible]	[illegible]	[illegible]	[illegible]	[illegible]	[illegible]	[illegible]	[illegible]	[illegible]	[illegible]	[illegible]	[illegible]	[illegible]	[illegible]	[illegible]	[illegible]	[illegible]	[illegible]	[illegible]	[illegible]	[illegible]	
20	29	20	[illegible]	[illegible]	[illegible]	[illegible]	[illegible]	[illegible]	[illegible]	[illegible]	[illegible]	[illegible]	[illegible]	[illegible]	[illegible]	[illegible]	[illegible]	[illegible]	[illegible]	[illegible]	[illegible]	[illegible]	[illegible]	
[illegible]	[illegible]	[illegible]	[illegible]	[illegible]	[illegible]	[illegible]	[illegible]	[illegible]	[illegible]	[illegible]	[illegible]	[illegible]	[illegible]	[illegible]	[illegible]	[illegible]	[illegible]	[illegible]	[illegible]	[illegible]	[illegible]	[illegible]		[illegible]

Décès, toutes causes réunies, pendant l'épidémie de grippe de 1918-1919

QUARTIERS et ARRONDISSEMENTS	27e semaine 1918	28e semaine 1918	29e semaine 1918	30e semaine 1918	31e semaine 1918	32e semaine 1918	33e semaine 1918	34e semaine 1918	35e semaine 1918	36e semaine 1918	37e semaine 1918	38e semaine 1918	39e semaine 1918	40e semaine 1918	41e semaine 1918	42e semaine 1918	43e semaine 1918	44e semaine 1918	45e semaine 1918	46e semaine 1918
41 Folie-Méricourt	9	20	16	9	13	7	10	11	12	13	19	13	19	22	36	39	51	56	29	22
42 Saint-Ambroise	11	12	13	12	8	6	7	9	9	9	16	17	23	17	23	29	50	55	16	16
43 Roquette	17	22	19	17	10	16	19	12	21	26	29	30	32	29	53	56	87	51	67	29
44 Sainte-Marguerite	10	12	9	6	9	3	9	12	12	12	7	11	23	18	29	31	63	33	36	21
XIe Arrondissement	67	79	56	56	60	32	53	56	55	62	66	73	97	87	132	152	229	176	128	91
45 Bel-Air	3	8	—	1	3	2	3	3	6	1	8	3	3	11	9	15	19	17	7	9
46 Picpus	7	29	23	8	5	12	16	13	17	16	7	21	16	26	63	37	32	50	28	22
47 Bercy	2	3	3	1	2	—	2	2	1	1	7	6	3	11	6	12	8	6	3	3
48 Quinze-Vingts	2	16	10	9	12	10	10	15	10	12	19	20	20	21	36	62	60	28	31	15
XIIe Arrondissement	14	56	36	19	22	24	31	34	34	31	51	50	56	67	98	108	119	99	69	51
49 Salpêtrière	26	13	20	10	6	16	11	16	31	20	20	25	19	16	7	31	43	60	41	32
50 La Gare	10	16	11	12	11	16	9	5	21	14	16	10	25	26	16	26	32	66	26	25
51 Maison Blanche	19	16	21	11	13	10	11	13	13	16	3	21	18	12	19	32	39	55	40	22
52 Croulebarbe	10	5	2	5	1	2	6	6	3	2	2	7	13	5	9	11	22	25	16	7
XIIIe Arrondissement	63	52	54	38	31	40	35	40	68	50	41	63	71	52	99	100	148	206	105	87
53 Montparnasse	16	17	16	8	6	23	16	15	19	16	19	7	22	29	27	27	39	30	27	22
54 Santé	3	8	8	2	3	3	3	6	1	2	3	6	5	3	6	7	17	15	9	5
55 Petit-Montrouge	5	11	6	9	8	10	7	5	5	12	10	15	6	12	18	30	32	36	29	12
56 Plaisance	13	22	19	11	17	22	12	20	13	29	23	31	19	47	53	56	73	70	65	30
XIVe Arrondissement	37	58	47	30	34	58	37	55	38	58	58	58	52	95	100	128	161	151	108	70
57 St.-Lambert	12	22	18	16	16	15	11	12	17	9	16	13	22	18	31	18	35	63	65	61
58 Necker	9	13	11	17	12	14	13	16	19	18	16	18	19	27	27	24	54	64	30	29
59 Grenelle	16	9	14	17	18	11	9	17	23	10	10	16	17	16	26	17	58	59	28	29
60 Javel	9	14	5	10	17	11	6	7	9	13	18	19	26	13	23	16	36	48	28	17
XVe Arrondissement	46	57	48	58	61	51	39	52	68	50	60	67	84	76	107	73	191	234	129	125
61 Auteuil	11	7	5	8	12	9	16	3	16	8	16	13	15	9	28	27	29	55	29	30
62 Muette	6	6	7	7	3	6	5	4	6	3	10	9	5	7	20	25	36	27	13	13
63 Porte Dauphine	3	3	3	1	2	3	1	3	1	5	6	2	2	5	6	15	26	10	18	6
64 Chaillot	2	5	4	12	27	11	20	7	9	7	11	25	7	9	17	17	21	17	19	21
XVIe Arrondissement	22	21	19	29	44	27	40	17	28	28	41	47	29	29	69	84	111	99	79	70
65 Ternes	4	9	6	6	6	9	7	9	6	12	5	12	9	9	28	27	31	30	22	19
66 Plaine Monceau	7	3	8	6	3	3	4	6	3	1	6	5	6	10	13	19	21	25	13	9
67 Batignolles	16	16	5	10	11	8	10	8	8	11	10	14	13	24	27	44	60	39	31	16
68 Épinettes	14	19	16	9	9	10	9	10	19	9	15	25	22	20	[illegible]	65	58	52	36	21
XVIIe Arrondissement	41	46	35	31	29	30	28	33	36	34	36	56	52	62	98	134	178	138	105	67
69 Grandes Carrières	22	12	19	17	18	12	21	17	19	21	15	38	26	29	42	57	91	56	39	25
70 Clignancourt	33	30	26	22	13	25	26	30	31	30	38	35	35	34	50	42	96	76	59	53
71 Goutte d'Or	20	6	11	9	15	5	5	9	18	19	18	16	18	27	17	58	33	49	28	27
72 La Chapelle	6	9	3	6	6	6	6	3	9	6	5	7	7	12	11	30	23	14	16	7
XVIIIe Arrondissement	81	58	60	54	54	51	58	59	76	76	76	96	86	119	120	217	247	176	142	112
73 La Villette	16	19	14	10	16	18	14	12	13	8	18	8	16	16	37	53	56	49	26	19
74 Pont-de-Flandre	4	7	4	2	2	—	4	3	3	4	4	3	2	3	9	14	26	16	11	9
75 Amérique	7	7	6	7	9	7	8	12	2	6	9	9	13	12	23	24	35	31	23	14
76 Combat	17	21	6	13	9	12	12	13	13	11	9	16	20	24	36	37	38	48	22	25
XIXe Arrondissement	44	53	30	32	36	35	38	40	33	29	40	36	52	56	102	118	155	133	79	67
77 Belleville	20	23	18	17	15	19	17	19	15	21	21	25	21	23	70	48	72	50	40	21
78 St.-Fargeau	4	3	5	6	2	2	10	5	2	6	7	7	3	9	11	7	21	17	14	10
79 Père-Lachaise	11	16	15	19	19	9	14	19	16	21	18	23	20	25	35	62	69	55	20	32
80 Charonne	11	17	13	18	19	15	18	19	15	18	7	11	14	27	29	65	50	67	14	19
XXe Arrondissement	46	59	51	58	52	43	57	52	51	62	53	66	70	85	145	182	191	189	87	82
Totaux par semaine	661	724	639	579	598	543	598	590	676	666	719	873	898	989	1.515	1.916	2.366	2.602	1.579	1.168
Totaux par période	28.962																			

(30 Juin 1918-26 Avril 1919) par semaine, par quartier et par arrondissement.

Tableau 10.

47e semaine 1918	48e semaine 1918	49e semaine 1918	50e semaine 1918	51e semaine 1918	52e semaine 1918	1re semaine 1919	2e semaine 1919	3e semaine 1919	4e semaine 1919	5e semaine 1919	6e semaine 1919	7e semaine 1919	8e semaine 1919	9e semaine 1919	10e semaine 1919	11e semaine 1919	12e semaine 1919	13e semaine 1919	14e semaine 1919	15e semaine 1919	16e semaine 1919	17e semaine 1919	Totaux par quartier	Totaux par arrondissement
23	25	30	18	17	16	29	21	25	23	14	25	27	26	29	34	33	19	19	21	16	18	29	[illegible]	
17	16	18	19	9	16	17	18	22	20	13	18	22	35	29	26	33	12	13	18	16	17	15	[illegible]	
32	22	25	29	19	20	31	29	36	26	24	26	30	51	39	36	33	30	24	41	23	18	29	[illegible]	
16	24	25	21	13	22	26	15	19	22	25	29	19	26	31	18	17	19	12	25	20	[illegible]	14	[illegible]	
88	89	98	97	58	92	100	85	102	91	96	98	104	128	128	120	100	90	66	91	72	60	69		[illegible]
9	2	17	7	6	6	6	5	4	6	6	13	13	13	9	9	11	7	4	6	17	[illegible]	11	[illegible]	
20	35	24	29	[illegible]	20	16	23	26	18	21	12	16	64	32	26	20	22	29	18	20	13	30	[illegible]	
4	5	6	8	2	2	3	4	6	2	6	4	10	3	12	7	2	4	[illegible]	6	3	6	2	[illegible]	
21	26	17	14	16	14	20	15	22	20	14	22	37	28	20	24	17	22	14	21	24	21	16	[illegible]	
65	69	66	57	46	52	45	46	60	44	49	72	74	108	74	70	50	55	52	41	64	47	[illegible]		[illegible]

Décès causés par la grippe pendant l'épidémie de 1918-1919

QUARTIERS et ARRONDISSEMENTS	27e semaine 1918	28e semaine 1918	29e semaine 1918	30e semaine 1918	31e semaine 1918	32e semaine 1918	33e semaine 1918	34e semaine 1918	35e semaine 1918	36e semaine 1918	37e semaine 1918	38e semaine 1918	39e semaine 1918	40e semaine 1918	41e semaine 1918	42e semaine 1918	43e semaine 1918	44e semaine 1918	45e semaine 1918	46e semaine 1918
1 St-Germain-l'Auxerrois	—	—	—	—	—	—	—	—	—	—	—	—	—	—	1	2	6	6	3	—
2 Les Halles	—	—	—	—	—	—	—	—	—	—	—	—	2	1	—	9	12	10	2	[illegible]
3 Palais-Royal	—	—	—	—	—	—	—	—	—	—	—	—	—	1	—	2	6	5	[illegible]	1
4 Place Vendôme	—	—	—	—	—	—	—	—	—	—	—	1	1	—	—	4	6	2	1	—
Ier Arrondissement	—	—	—	—	—	—		—	—	—	—	1	3	2	1	17	29	20	11	3
5 Gaillon	—	—	—	—	1	—	—	—	—	—	—	—	—	1	—	—	6	2	—	2
6 Vivienne	—	—	—	—	—	—	—	—	—	—	—	—	—	—	—	1	6	3	1	—
7 Mail	—	1	—	—	—	—	—	—	—	—	—	—	1	—	—	4	10	5	5	4
8 Bonne-Nouvelle	—	—	—	—	—	—	—	—	—	—	—	1	—	3	6	4	5	11	3	1
IIe Arrondissement	—	1	—	—	1	—	—	—	—	—	—	1	1	5	6	9	26	20	10	7
9 Arts-et-Métiers	—	—	—	1	—	—	—	1	—	—	—	—	1	2	6	9	10	6	3	4
10 Enfants-Rouges	—	—	—	—	—	—	—	—	—	—	—	—	1	2	2	6	12	6	6	3
11 Archives	—	—	—	—	—	—	—	—	—	—	—	—	—	1	1	4	10	6	3	6
12 Ste-Avoye	1	—	—	—	—	—	—	—	—	—	—	2	2	3	1	5	13	12	3	3
IIIe Arrondissement	1	—	—	1	—	—	—	1	—	—	—	2	6	8	10	24	[illegible]	30	17	16
13 St-Merri	—	—	—	—	—	—	—	—	—	—	—	—	—	1	8	3	12	11	6	[illegible]
14 St-Gervais	—	1	—	—	—	—	—	—	1	—	1	—	1	4	9	22	22	12	[illegible]	[illegible]
15 Arsenal	—	—	—	—	—	—	—	—	—	—	—	—	1	—	1	6	6	6	5	—
16 Notre-Dame	—	—	—	—	—	—	—	—	—	—	—	1	1	1	8	12	8	11	8	[illegible]
IVe Arrondissement	—	1	—	—	—	—	—	—	1	—	1	1	5	6	26	46	49	[illegible]	19	13
17 St-Victor	—	—	1	—	—	—	—	—	—	—	—	1	—	1	3	11	[illegible]	17	11	[illegible]
18 Jardin-des-Plantes	1	1	—	—	—	—	—	—	—	—	—	—	—	—	6	14	17	17	12	[illegible]
19 Val-de-Grâce	—	—	—	—	1	—	—	—	—	—	—	2	1	—	6	15	12	[illegible]	14	[illegible]
20 Sorbonne	—	—	1	—	—	—	—	—	—	—	—	—	2	—	[illegible]	4	4	17	11	[illegible]
Ve Arrondissement	1	1	2	—	1	—	—	—	—	—	—	[illegible]	3	4	22	[illegible]	[illegible]	[illegible]	[illegible]	10
21 Monnaie	—	—	—	—	—	—	—	—	—	—	—	—	1	1	2	6	[illegible]	10	4	[illegible]
22 Odéon	—	—	—	—	1	—	—	—	—	—	1	1	—	—	—	1	10	14	[illegible]	[illegible]
23 Notre-Dame-des-Champs	—	—	—	—	—	—	1	1	—	—	—	1	4	—	4	11	[illegible]	27	11	[illegible]
24 St-Germain-des-Prés	—	—	—	—	—	—	—	—	—	—	—	—	—	1	1	6	[illegible]	12	[illegible]	—
VIe Arrondissement	—	—	—	—	1	—	1	1	—	—	1	2	4	2	[illegible]	24	[illegible]	62	20	12
25 St-Thomas-d'Aquin	—	—	—	—	—	1	—	—	—	—	—	—	4	1	3	12	[illegible]	11	4	[illegible]
26 Invalides	—	—	—	—	—	—	—	—	—	—	—	—	—	1	[illegible]	[illegible]	[illegible]	[illegible]	[illegible]	[illegible]
27 École Militaire	—	—	—	—	—	—	—	—	—	—	—	—	1	2	[illegible]	6	[illegible]	[illegible]	1	[illegible]
28 Gros-Caillou	—	—	1	—	—	—	—	—	—	—	—	2	1	[illegible]	12	16	[illegible]	11	[illegible]	[illegible]
VIIe Arrondissement		—	1	—	—	1			—			2	[illegible]	10	23	27	[illegible]	[illegible]	17	12
29 Champs-Élysées	—	—	—		—	—	—	—	—		—	—	—	—	3	3	[illegible]	[illegible]	[illegible]	[illegible]
30 Faubourg-du-Roule	—	—			—	—	1	—	—	—	—	—	—	1	[illegible]	[illegible]	[illegible]	[illegible]	[illegible]	[illegible]
31 Madeleine			—	—	—			—	—		—	—	1	—	[illegible]	[illegible]	12	14	[illegible]	—
32 Europe	—	1		—	—			—	—	—	—	2	—	1	[illegible]	10	6	[illegible]	3	[illegible]
VIIIe Arrondissement	—	1			—	—	1				2	2	1	2	17	[illegible]	20	[illegible]	16	7
33 St-Georges	—	1	—	—	1	1	—	—	—	—	—	1	2	[illegible]	6	12	12	[illegible]	6	[illegible]
34 Chaussée-d'Antin	—	—	—	—	—	1	—	—	—	—	—	—	—	—	2	[illegible]	[illegible]	[illegible]	[illegible]	—
35 Faubourg-Montmartre	—	—	—	—				—	—	—	—	1	—	—	1	[illegible]	[illegible]	[illegible]	[illegible]	[illegible]
36 Rochechouart	—	—	—	—	1	—	—	1	—	—		3	—	4	[illegible]	[illegible]	[illegible]	[illegible]	10	[illegible]
IXe Arrondissement		1	—	—	2	2	—	1				3	4	9	[illegible]	12	[illegible]	[illegible]	26	12
37 St-Vincent-de-Paul		—	—	—	—		—		1	—	—			4	4	14	21	16	12	6
38 Porte-St-Denis		—	1	—	—	—	—	—	—	—		—	—	3	2	10	11	10	7	1
39 Porte-St-Martin		—		1	—	—	—	—	—	—	—	1	1	3	3	11	12	[illegible]	6	2
40 Hôpital-St-Louis	1	—	—	—	—	—	—	—	1	1	—	—	—	2	7	16	18	20	[illegible]	2
Xe Arrondissement	1	—	1	1	2		—	—	1	1	1	1	[illegible]	10	18	[illegible]	[illegible]	[illegible]	[illegible]	[illegible]

(30 Juin 1918-26 Avril 1919) par semaine, par quartier et arrondissement.

TABLEAU 11.

47e semaine 1918	48e semaine 1918	49e semaine 1918	50e semaine 1918	51e semaine 1918	52e semaine 1918	1re semaine 1919	2e semaine 1919	3e semaine 1919	4e semaine 1919	5e semaine 1919	6e semaine 1919	7e semaine 1919	8e semaine 1919	9e semaine 1919	10e semaine 1919	11e semaine 1919	12e semaine 1919	13e semaine 1919	14e semaine 1919	15e semaine 1919	16e semaine 1919	17e semaine 1919	TOTAUX par quartier	TOTAUX par arrondissement
[illegible]	[illegible]	[illegible]	[illegible]	[illegible]	[illegible]	[illegible]	[illegible]	[illegible]	[illegible]	[illegible]	[illegible]	[illegible]	[illegible]	[illegible]	[illegible]	[illegible]	[illegible]	[illegible]	[illegible]	[illegible]	[illegible]	[illegible]	[illegible]	[illegible]

Décès causés par la grippe pendant l'épidémie de 1918-1919

QUARTIERS et ARRONDISSEMENTS	27e semaine 1918	28e semaine 1918	29e semaine 1918	30e semaine 1918	31e semaine 1918	32e semaine 1918	33e semaine 1918	34e semaine 1918	35e semaine 1918	36e semaine 1918	37e semaine 1918	38e semaine 1918	39e semaine 1918	40e semaine 1918	41e semaine 1918	42e semaine 1918	43e semaine 1918	44e semaine 1918	45e semaine 1918	46e semaine 1918
41 Folie-Méricourt	—	—	—	—	1	—	—	—	1	1	—	—	6	[illegible]	5	17	[illegible]	[illegible]	[illegible]	[illegible]
42 St-Ambroise	—	—	—	—	—	—	1	1	—	1	—	—	[illegible]	[illegible]	5	14	[illegible]	[illegible]	[illegible]	[illegible]
43 Roquette	[illegible]	[illegible]	—	—	—	—	—	—	—	—	1	[illegible]	[illegible]	[illegible]	16	[illegible]	[illegible]	[illegible]	[illegible]	[illegible]
44 Ste-Marguerite	—	—	1	—	—	—	—	—	—	—	—	—	[illegible]	[illegible]	14	17	[illegible]	[illegible]	[illegible]	[illegible]
XIe Arrondissement	2	1	1	—	1	—	1	1	[illegible]	[illegible]	1	3	9	13	38	77	125	83	51	29
45 Bel-Air	—	—	—	—	—	—	—	—	—	—	—	—	—	6	8	6	14	[illegible]	[illegible]	[illegible]
46 Picpus	—	—	[illegible]	—	—	—	—	—	1	—	—	1	1	[illegible]	13	15	[illegible]	21	[illegible]	[illegible]
47 Bercy	—	—	—	—	—	—	—	—	—	—	1	—	[illegible]	4	[illegible]	[illegible]	[illegible]	[illegible]	[illegible]	[illegible]
48 Quinze-Vingts	—	—	[illegible]	—	—	—	—	—	—	—	1	1	[illegible]	[illegible]	12	19	20	[illegible]	16	[illegible]
XIIe Arrondissement		—		—	—	—	—	—	1	—	3	4	6	19	3[illegible]	52	60	65	25	9
49 Salpêtrière	—	—	—	—	—	—	1	1	1	1	1	—	1	—	[illegible]	15	29	16	[illegible]	[illegible]
50 Gare	—	—	—	—	—	—	—	—	[illegible]	—	—	—	[illegible]	[illegible]	[illegible]	[illegible]	23	[illegible]	[illegible]	[illegible]
51 Maison-Blanche	—	—	—	—	—	—	—	1	1	—	—	1	[illegible]	[illegible]	[illegible]	[illegible]	19	[illegible]	[illegible]	[illegible]
52 Croulebarbe	1	—	—	—	—	—	—	—	—	—	—	—	[illegible]	[illegible]	[illegible]	[illegible]	11	[illegible]	[illegible]	[illegible]
XIIIe Arrondissement	1	—	—	—	—	—	—	3	6	3	1	—	—	6	26	41	71	62	18	14
53 Montparnasse	—	—	—	—	—	—	—	—	—	—	1	—	3	6	5	19	19	[illegible]	[illegible]	[illegible]
54 Santé	—	—	—	—	—	—	—	—	—	1	—	—	—	[illegible]	1	[illegible]	11	16	[illegible]	[illegible]
55 Petit-Montrouge	—	—	—	1	—	—	—	—	—	—	—	—	[illegible]	[illegible]	[illegible]	15	15	15	[illegible]	[illegible]
56 Plaisance	—	—	—	—	—	2	—	—	—	—	—	[illegible]	[illegible]	[illegible]	15	[illegible]	25	[illegible]	16	[illegible]
XIVe Arrondissement	—	—	—	1	—	4	—	—	—	1	1	4	1	11	25	60	73	76	26	12
57 St-Lambert	—	—	—	—	—	—	—	—	1	—	—	1	[illegible]	5	10	[illegible]	11	11	[illegible]	[illegible]
58 Necker	—	—	—	—	—	—	—	—	—	—	—	—	[illegible]	[illegible]	[illegible]	[illegible]	23	26	[illegible]	[illegible]
59 Grenelle	—	—	—	—	—	—	—	—	—	—	—	[illegible]	[illegible]	[illegible]	[illegible]	[illegible]	[illegible]	13	[illegible]	[illegible]
60 Javel	—	—	1	—	—	—	—	—	1	—	1	—	1	1	11	[illegible]	17	28	12	[illegible]
XVe Arrondissement	1	—	1	—	—	—	—	—	4	—	1	6	7	15	27	24	56	106	39	37
61 Auteuil	—	—	—	—	—	2	—	—	—	—	—	—	1	[illegible]	9	16	[illegible]	23	15	[illegible]
62 Muette	—	—	—	—	—	—	—	—	—	—	1	—	—	[illegible]	[illegible]	13	[illegible]	16	[illegible]	[illegible]
63 Porte-Dauphine	—	—	—	—	—	—	—	—	—	—	—	—	—	[illegible]	[illegible]	11	[illegible]	[illegible]	[illegible]	[illegible]
64 Chaillot	—	—	—	—	—	—	—	—	—	—	—	1	—	[illegible]	[illegible]	[illegible]	11	[illegible]	[illegible]	[illegible]
XVIe Arrondissement	—					2	—	—	—	—	1	1	1	7	22	36	71	53	34	14
65 Ternes	—	—	—	—	—	—	—	—	—	—	—	1	—	[illegible]	[illegible]	17	19	17	15	[illegible]
66 Plaine Monceau	—	1	—	—	—	—	—	—	—	—	—	—	—	[illegible]	[illegible]	[illegible]	13	11	10	[illegible]
67 Batignolles	—	[illegible]	—	—	—	—	—	—	—	—	—	—	[illegible]	[illegible]	[illegible]	[illegible]	[illegible]	16	[illegible]	[illegible]
68 Epinettes	—	—	—	—	1	—	—	1	[illegible]	—	1	1	[illegible]	[illegible]	18	[illegible]	[illegible]	10	20	[illegible]
XVIIe Arrondissement	—	[illegible]	—	—	1	—	—	1	2	—	1	3	3	1[illegible]	39	68	[illegible]	36	51	34
69 Grandes-Carrières	—	—	—	—	1	—	—	—	—	—	—	—	[illegible]	5	9	[illegible]	15	25	17	[illegible]
70 Clignancourt	—	—	—	1	—	—	—	—	1	—	—	—	[illegible]	10	21	[illegible]	56	39	20	[illegible]
71 Goutte-d'Or	—	1	—	—	—	—	—	—	—	—	—	1	[illegible]	5	—	[illegible]	14	21	10	[illegible]
72 La Chapelle	—	—	—	—	—	—	—	—	—	—	—	—	—	1	[illegible]	9	16	[illegible]	[illegible]	[illegible]
XVIIIe Arrondissement		1	—	1	1	—	—	1	1	—	—	3	12	24	34	93	126	8	34	29
73 La Villette	—	—	—	—	—	—	1	—	—	—	—	—	—	3	19	23	20	19	11	[illegible]
74 Pont de Flandre	—	—	—	—	—	—	—	—	—	—	—	—	—	—	[illegible]	[illegible]	11	[illegible]	[illegible]	[illegible]
75 Amérique	—	1	—	—	—	—	1	—	—	—	1	1	1	[illegible]	6	6	16	[illegible]	13	[illegible]
76 Combat	—	1	1	—	—	—	—	—	—	—	1	—	[illegible]	[illegible]	11	17	17	12	13	[illegible]
XIXe Arrondissement	—	2	1	—	—	—	2	—	—	—	2	1	3	13	51	54	68	40	51	15
77 Belleville	1	—	1	—	—	—	—	—	—	—	—	[illegible]	[illegible]	1	7	9	26	12	11	4
78 St-Fargeau	—	—	—	—	—	—	—	—	—	—	—	1	—	—	[illegible]	1	7	5	1	1
79 Père-Lachaise	—	1	—	—	—	—	2	—	—	—	—	6	2	8	11	19	31	26	16	12
80 Charonne	—	—	—	2	2	—	—	—	1	—	—	1	1	6	11	25	37	29	19	9
XXe Arrondissement	1	3	1	2	2	—	2	—	1	—	—	8	3	15	38	32	101	7[illegible]	65	25
Totaux par semaine	7	16	11	6	12	7	7	8	18	12	13	53	95	192	672	869	1.263	1.119	629	309
Totaux par période	6.207																			

(30 Juin 1918-26 Avril 1919) par semaine, par quartier et arrondissement.

Tableau II

Comparaison des décès pendant l'épidémie de grippe 1918-1919 par arrondissement.

TABLEAU 12

DÉSIGNATION	1	2	3	4	5	6	7	8	9	10	11
a. Nombre de décès toutes causes	[illegible]	[illegible]	[illegible]	[illegible]	[illegible]	[illegible]	[illegible]	[illegible]	[illegible]	[illegible]	[illegible]
b. Nombre de décès par grippe	[illegible]	[illegible]	[illegible]	[illegible]	[illegible]	[illegible]	[illegible]	[illegible]	[illegible]	[illegible]	[illegible]
c. Population (Recensement de 1911)	[illegible]	[illegible]	[illegible]	[illegible]	[illegible]	[illegible]	[illegible]	[illegible]	[illegible]	[illegible]	[illegible]
d. Sur 100 décès, combien par arrondissement ?	[illegible]	[illegible]	[illegible]	[illegible]	[illegible]	[illegible]	[illegible]	[illegible]	[illegible]	[illegible]	[illegible]
e. Sur 100 décès par grippe, combien par arrondissement ?	[illegible]	[illegible]	[illegible]	[illegible]	[illegible]	[illegible]	[illegible]	[illegible]	[illegible]	[illegible]	[illegible]
f. Sur 1.000 décès, combien par grippe ?	[illegible]	[illegible]	[illegible]	[illegible]	[illegible]	[illegible]	[illegible]	[illegible]	[illegible]	[illegible]	[illegible]
g. Sur 10.000 habitants, combien de décès toutes causes ?	[illegible]	[illegible]	[illegible]	[illegible]	[illegible]	[illegible]	[illegible]	[illegible]	[illegible]	[illegible]	[illegible]
h. Sur 10.000 habitants, combien de décès par grippe ?	[illegible]	[illegible]	[illegible]	[illegible]	[illegible]	[illegible]	[illegible]	[illegible]	[illegible]	[illegible]	[illegible]

DÉSIGNATION	12	13	14	15	16	17	18	19	20	Totaux
a. Nombre de décès toutes causes	[illegible]	[illegible]	[illegible]	[illegible]	[illegible]	[illegible]	[illegible]	[illegible]	[illegible]	[illegible]
b. Nombre de décès par grippe	[illegible]	[illegible]	[illegible]	[illegible]	[illegible]	[illegible]	[illegible]	[illegible]	[illegible]	[illegible]
c. Population (Recensement de 1911)	[illegible]	[illegible]	[illegible]	[illegible]	[illegible]	[illegible]	[illegible]	[illegible]	[illegible]	[illegible]
d. Sur 100 décès, combien par arrondissement ?	[illegible]	6.729	[illegible]	[illegible]	[illegible]	[illegible]	[illegible]	[illegible]	[illegible]	[illegible]
e. Sur 100 décès par grippe, combien par arrondissement ?	[illegible]	[illegible]	[illegible]	[illegible]	[illegible]	[illegible]	[illegible]	[illegible]	[illegible]	[illegible]
f. Sur 1.000 décès, combien par grippe ?	[illegible]	[illegible]	[illegible]	[illegible]	[illegible]	[illegible]	[illegible]	[illegible]	19,56	19.17
g. Sur 10.000 habitants, combien de décès toutes causes ?	[illegible]	159,6	[illegible]	[illegible]	[illegible]	[illegible]	[illegible]	166,55	[illegible]	[illegible]
h. Sur 10.000 habitants, combien de décès par grippe ?	24.77	29.15	[illegible]	[illegible]	[illegible]	[illegible]	27.48	[illegible]	35,39	29.25

même pauvres : domestiques, petits commerçants, petits industriels, artisans et même simples ouvriers. Et l'existence de toute cette population, qui, en 1918-1919, a été très sérieusement touchée, ne permet d'accepter que sous réserves les conclusions du docteur Bertillon, appliquées à l'épidémie de 1889-1890.

Sans méconnaître d'ailleurs ce que cette classification peut avoir de commode, on recherchera si la gravité de la grippe n'est pas plutôt fonction d'autres éléments et notamment de la densité de la population.

Qu'entend-on par là ?

A la XIVe session de l'Institut international de statistique, tenue à Vienne en septembre 1913, M. Ugo Giusti, directeur de l'Union statistique des villes italiennes, s'exprimait comme suit à ce sujet :

« Nous devons noter que la superficie des centres urbains n'est pas occupée entièrement par des édifices, mais aussi par des rues, des promenades, des terrains à bâtir, des terrains encore cultivés, des gares et des voies ferrées, des eaux de fleuves et de torrents, etc...

« Si l'on ôte ces derniers espaces de la superficie totale, on obtient la superficie réellement couverte par les édifices et leurs dépendances (cours, jardins, etc.), et le rapport $\frac{P}{S'}$ dans lequel P représente la

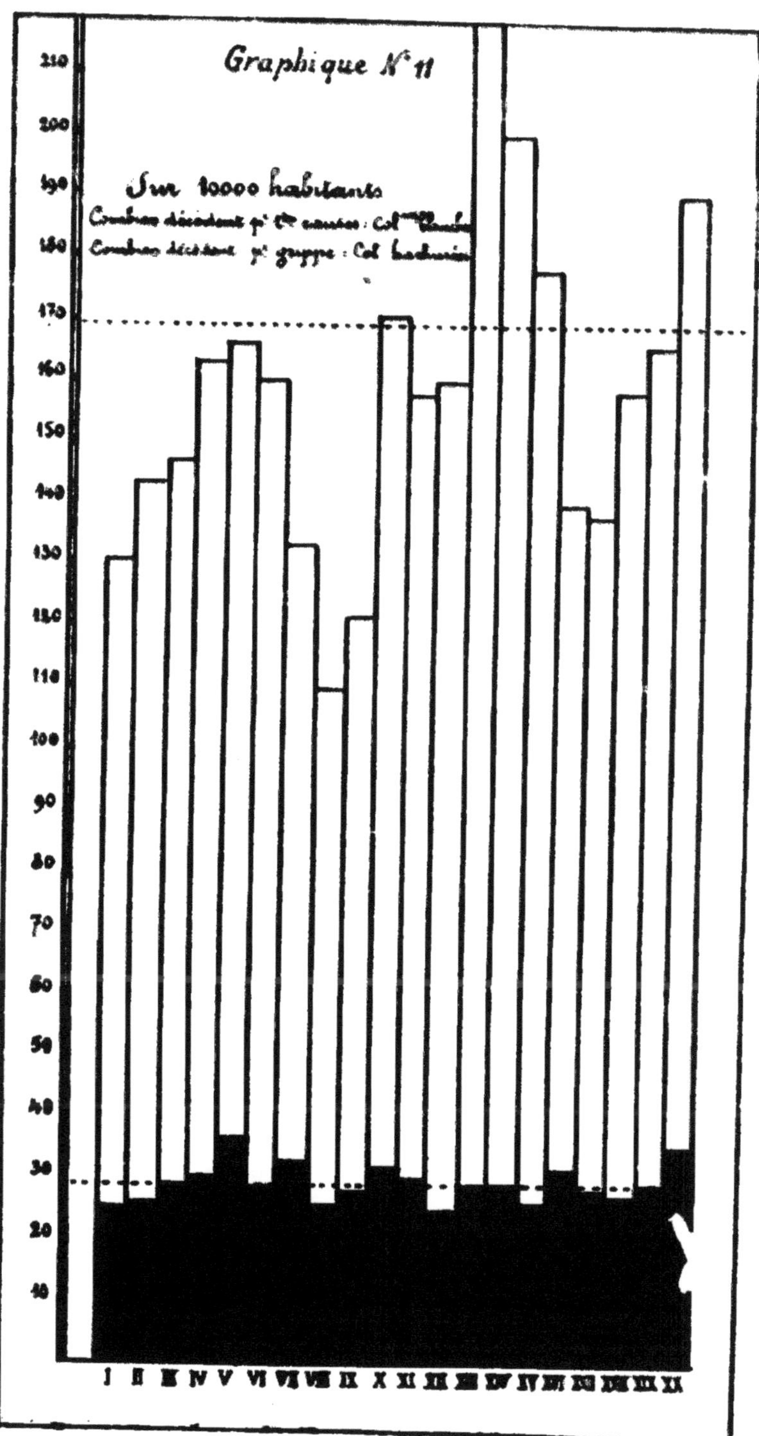
Graphique N° 11
Sur 10000 habitants
210
200
190
180
170
160
150
140
130
120
110
100
90
80
70
60
50
40
30
20
10
I II III IV V VI VII VIII IX X XI XII XIII XIV XV XVI XVII XVIII XIX XX

Nombre d'habitants logés dans des conditions défectueuses, par arrondissement.

Tableau 13

Arrondissements	Population recensée — Maisons ordinaires	Population recensée — Hôtels meublés, etc.	Population recensée — Total	Logeant dans des locaux surpeuplés — Maisons ordinaires	Logeant dans des locaux surpeuplés — Hôtels meublés, etc.	Logeant dans des locaux surpeuplés — Total	Logeant dans des locaux insuffisants — Maisons ordinaires	Logeant dans des locaux insuffisants — Hôtels meublés, etc.	Logeant dans des locaux insuffisants — Total	Ensemble logés défectueusement	Pour cent habitants combien sont mal logés	Observations
1	52 296	[illegible]	[illegible]	[illegible]	[illegible]	[illegible]	[illegible]	[illegible]	[illegible]	[illegible]	[illegible]	
2	53 338	[illegible]	[illegible]	[illegible]	[illegible]	[illegible]	[illegible]	[illegible]	[illegible]	[illegible]	[illegible]	
3	84 636	[illegible]	[illegible]	[illegible]	[illegible]	[illegible]	[illegible]	[illegible]	[illegible]	[illegible]	[illegible]	
4	82 971	[illegible]	[illegible]	[illegible]	[illegible]	[illegible]	[illegible]	[illegible]	[illegible]	[illegible]	[illegible]	
5	104 377	[illegible]	[illegible]	[illegible]	[illegible]	[illegible]	[illegible]	[illegible]	[illegible]	[illegible]	[illegible]	
6	88 336	[illegible]	[illegible]	[illegible]	[illegible]	[illegible]	[illegible]	[illegible]	[illegible]	[illegible]	[illegible]	
7	92 622	[illegible]	[illegible]	[illegible]	[illegible]	[illegible]	[illegible]	[illegible]	[illegible]	[illegible]	[illegible]	
8	98 872	[illegible]	[illegible]	[illegible]	[illegible]	[illegible]	[illegible]	[illegible]	[illegible]	[illegible]	[illegible]	
9	112 125	[illegible]	[illegible]	[illegible]	[illegible]	[illegible]	[illegible]	[illegible]	[illegible]	[illegible]	[illegible]	
10	142 294	[illegible]	[illegible]	[illegible]	[illegible]	[illegible]	[illegible]	[illegible]	[illegible]	[illegible]	[illegible]	
11	225 723	[illegible]	[illegible]	[illegible]	[illegible]	[illegible]	[illegible]	[illegible]	[illegible]	[illegible]	[illegible]	
12	130 065	[illegible]	[illegible]	[illegible]	[illegible]	[illegible]	[illegible]	[illegible]	[illegible]	[illegible]	[illegible]	
13	129 041	[illegible]	[illegible]	[illegible]	[illegible]	[illegible]	[illegible]	[illegible]	[illegible]	[illegible]	[illegible]	
14	140 723	[illegible]	[illegible]	[illegible]	[illegible]	[illegible]	[illegible]	[illegible]	[illegible]	[illegible]	[illegible]	
15	194 636	[illegible]	[illegible]	[illegible]	[illegible]	[illegible]	[illegible]	[illegible]	[illegible]	[illegible]	[illegible]	
16	142 308	[illegible]	[illegible]	[illegible]	[illegible]	[illegible]	[illegible]	[illegible]	[illegible]	[illegible]	[illegible]	
17	208 966	[illegible]	[illegible]	[illegible]	[illegible]	[illegible]	[illegible]	[illegible]	[illegible]	[illegible]	[illegible]	
18	230 336	[illegible]	[illegible]	[illegible]	[illegible]	[illegible]	[illegible]	[illegible]	[illegible]	[illegible]	[illegible]	
19	146 180	[illegible]	[illegible]	[illegible]	[illegible]	[illegible]	[illegible]	[illegible]	[illegible]	[illegible]	[illegible]	
20	160 796	[illegible]	[illegible]	[illegible]	[illegible]	[illegible]	[illegible]	[illegible]	[illegible]	[illegible]	[illegible]	

population de droit et S' la superficie totale, moins les voies publiques, sera l'indice de la densité foncière qui exprimera dans quelles conditions *une population urbaine est logée*, c'est-à-dire dans quelles conditions *elle passe sa vie domestique*.

« On pourrait, continue cet auteur, exclure de la surface totale l'espace occupé par les jardins, les cours, etc., pour obtenir la surface des terrains couverts par les édifices. Du rapport correspondant $\frac{P}{S''}$ on aurait un indice de densité qu'on pourrait nommer *densité d'habitation*, et qui exprimerait les conditions dans lesquelles une population urbaine passe sa *vie de repos*. »

Appliquant ces idées à Paris, trois densités sont exprimables :

1° Densité urbaine $\frac{P}{S}$;

2° Densité foncière $\frac{P}{S'}$;

3° Densité d'habitation $\frac{P}{S''}$,

où P représente la population de droit ;

S, la surface totale ;
S' la surface des maisons et dépendances ;
S'' la surface des seuls édifices habités.

Ces trois éléments constituent les conditions hygiéniques de la vie :

1° Dans le mouvement et le travail ;
2° Dans la vie domestique ;
3° Dans la vie de repos,

et concourent à la conservation de l'individu et à sa résistance aux maladies.

Cependant, la précision des conditions de vie n'est pas encore assez grande, même avec la densité d'habitation.

En effet, dans un même bâtiment, pour un même modèle d'appartement, deux familles ne se trouveront pas dans les mêmes conditions. Une rentière vivant seule au premier étage dans un appartement de quatre pièces sera dans des conditions bien meilleures que sa bonne qui loge sous le comble dans une chambrette de 12 mètres cubes et qu'une famille d'ouvriers de cinq personnes occupant, au cinquième étage, un local comprenant deux pièces habitables.

Il n'échappera pas que plus grand sera le nombre de personnes vivant en commun, plus les cas de grippe seront fréquents ; que, d'autre part, la gravité du mal s'accroîtra avec la disparition des mesures d'hygiène, c'est-à-dire avec l'insalubrité de l'air respirable, la moindre quantité d'espace par individu et l'augmentation de la population dans un espace déterminé, en un mot avec le surpeuplement.

C'est donc dans le surpeuplement qu'on doit rechercher le terrain favorable à la naissance de la grippe et à son développement.

Le *Recueil de statistique municipale* n° 5 publié en 1912 contient une étude sur les conditions d'habitation à Paris. C'est à ce document que l'on a emprunté les éléments du tableau n° 13. Pour chaque arrondissement, on a relevé le nombre de personnes logées dans des conditions défectueuses dans des logements insuffisants ou nettement surpeuplés. Le coefficient des *mal logés* pour 1000 habitants observés permet un classement des arrondissements plus certain que la richesse jugée sur les signes extérieurs : contrats de mariage, domestiques, ouvriers, etc...

Les vingt arrondissements se classent à ce point de vue dans l'ordre suivant :

8e arrondissement.	Élysée	194,8 p. 1000.	
16e	Passy	212,9	—
9e	Opéra	266,7	—
6e	Luxembourg	293,8	—
7e	Palais-Bourbon	309,9	—
1er —	Louvre	347,7	—
10e	Saint-Laurent	366,1	—
17e —	Batignolles	369,8	—
2e —	Bourse	396,1	—
5e	Panthéon	405,8	—
3e —	Temple	434,2	—
14e	Observatoire	442,5	—
4e —	Hôtel-de-Ville	452,4	—
15e —	Vaugirard	479,6	—
12e —	Reuilly	480,4	—
18e —	Montmartre	482,2	—
11e —	Popincourt	501,6	—
13e —	Gobelins	539,8	—
20e —	Ménilmontant	578,2	—
19e —	Buttes-Chaumont	603,0	—

Le graphique n° 12 figure dans la courbe pleine les coefficients de surpeuplement et dans la courbe pointillée les coefficients de décès par grippe pour 10 000 habitants. On note le parallélisme des deux courbes, sauf dans trois cas :

Le VIIe arrondissement présente un coefficient de grippe qui dépasse légèrement son surpeuplement.

Le VIIIe arrondissement marque un écart considérable ; le XVIe arrondissement, un écart plus grand encore. Ces deux arrondissements sont réputés les plus riches de Paris, et cependant la mortalité par grippe y a été considérable, portant sur les domestiques femmes de vingt à trente-neuf ans.

Or, ce personnel, si mal logé qu'il soit, ne figure pas dans le surpeuplement, par définition :

Chaque individu qui le compose a, ou est supposé avoir, une chambre particulière. Son logement entre donc dans la catégorie de ceux présumés « suffisants », bien que l'exiguïté de ses dimensions et son exposition aux variations brusques de température (étage supérieur sous comble généralement mal isolé) devraient plutôt le classer parmi les « insuffisants ».

Si la richesse a peu d'influence sur la mortalité par grippe, par contre, il semble que *le surpeuplement et l'insuffisance des logements sont des facteurs principaux de la fréquence et de la gravité des grippes épidémiques.*

Le remède paraît être ici encore :

1° Dans la multiplication d'habitations saines, aérées, à un prix abordable, *avec des locaux rationnellement établis selon le nombre des occupants* ;

2° Dans une surveillance étroite des locaux affectés aux domestiques et dans l'observation rigoureuse des règlements sanitaires.

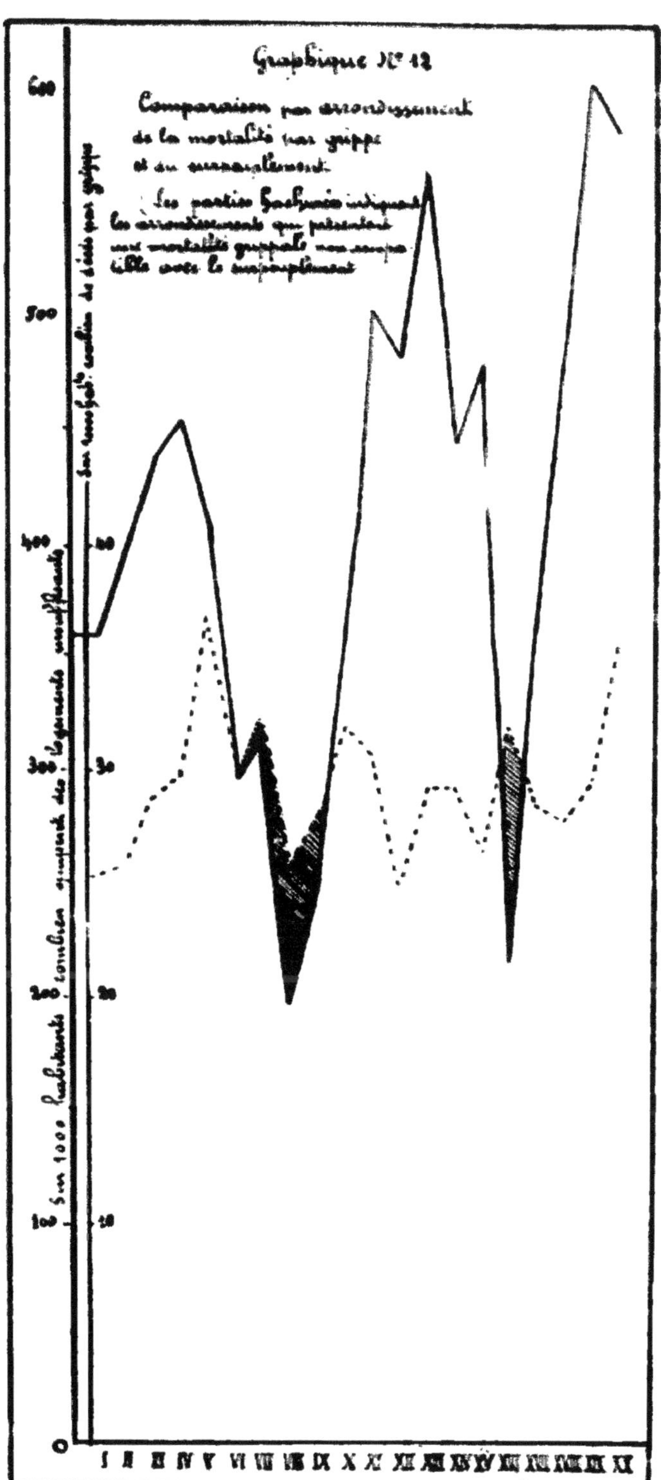

Graphique N° 12
Comparaison par arrondissement de la mortalité par grippe et au surpeuplement
Les parties hachurées indiquent les arrondissements qui présentent une mortalité grippale non compatible avec le surpeuplement
Sur 1000 habitants combien occupent des logements surpeuplés
Sur 100000 habts combien de décès par grippe
600
500
400
300
200
100
0
40
30
20
10
I II III IV V VI VII VIII IX X XI XII XIII XIV XV XVI XVII XVIII XIX XX

TABLEAU 14.

ARRONDISSEMENTS	QUARTIERS	Nombre de personnes habitant des logements surpeuplés.	Nombre de personnes habitant des logements insuffisants.	Nombre de personnes habitant des logements défectueux.	Pour 1 000 habitants, nombre de personnes vivant dans les logements défectueux.
1	1. Saint-Germain-l'Auxerrois	[illegible]	1 [illegible]	2 [illegible]	[illegible]
	2. Halles	1 [illegible]	[illegible] 724	1[illegible]	[illegible]
	3. Palais-Royal	[illegible]	3 162	[illegible]	[illegible]
	4. Place Vendôme	[illegible]	2 [illegible]	[illegible]	[illegible]
2	5. Gaillon	14[illegible]	1 [illegible]	1 [illegible]	[illegible]
	6. Vivienne	182	2 [illegible]	[illegible]	[illegible]
	7. Mail	[illegible]	[illegible]	[illegible]	[illegible]
	8. Bonne-Nouvelle	2 249	[illegible]	11 [illegible]	[illegible]
3	9. Arts-et-Métiers	1 084	7 740	[illegible]	[illegible]
	10. Enfants-Rouges	1 176	[illegible]	6 [illegible]	[illegible]
	11. Archives	99[illegible]	7 [illegible]	[illegible]	[illegible]
	12. Sainte-Avoye	1 851	[illegible]	10 [illegible]	[illegible]
4	13. Saint-Merri	1 [illegible]	[illegible]	[illegible]	[illegible]
	14. Saint-Gervais	[illegible] 376	1[illegible] 116	19 [illegible]	[illegible]
	15. Arsenal	1 046	6 228	7 264	[illegible]
	16. Notre-Dame	7[illegible]	[illegible]	[illegible] 712	[illegible]
5	17. Saint-Victor	1 684	7 [illegible]	9 [illegible]	[illegible]
	18. Jardin-des-Plantes	2 [illegible]	10 [illegible]	12 [illegible]	[illegible]
	19. Val-de-Grâce	2 [illegible]	9 01[illegible]	11 7[illegible]	[illegible]
	20. Sorbonne	2 2[illegible]	7 [illegible]	[illegible]	[illegible]
6	21. Monnaie	94[illegible]	[illegible]	[illegible]	[illegible]
	22. Odéon	92[illegible]	4 [illegible]	[illegible]	[illegible]
	23. Notre-Dame-des-Champs	1 264	9 2[illegible]	10 [illegible]	[illegible]
	24. Saint-Germain-des-Prés	549	3 64[illegible]	4 10[illegible]	[illegible],7
7	25. Saint-Thomas-d'Aquin	768	[illegible]	[illegible]	[illegible]
	26. Invalides	51[illegible]	2 72[illegible]	[illegible]	[illegible]
	27. École militaire	734	3 712	[illegible]	[illegible]
	28. Gros-Caillou	2 [illegible]	12 [illegible]	1[illegible]	[illegible]
8	29. Champs-Élysées	314	2 067	2 [illegible]	160,3
	30. Faubourg-du-Roule	718	4 [illegible]	[illegible]	[illegible]
	31. Madeleine	[illegible]	3 906	4 [illegible]	297,9
	32. Europe	799	[illegible]	6 [illegible]	160,7
9	33. Saint-Georges	856	6 363	7 219	197,2
	34. Chaussée-d'Antin	481	3 277	3 [illegible]	217,6
	35. Faubourg-Montmartre	699	5 115	[illegible]	299,2
	36. Rochechouart	1 681	9 380	11 061	294,6
10	37. Saint-Vincent-de-Paul	1 378	9 687	11 [illegible]	291,8
	38. Porte-Saint-Denis	1 240	7 161	8 [illegible]	[illegible]
	39. Porte-Saint-Martin	1 730	10 836	12 [illegible]	[illegible]
	40. Hôpital Saint-Louis	4 132	16 561	20 [illegible]	[illegible]
11	41. Folie-Méricourt	3 371	19 108	22 479	[illegible]
	42. Saint-Ambroise	4 357	18 709	23 [illegible]	[illegible]
	43. Roquette	8 81[illegible]	32 [illegible]	41 [illegible]	[illegible]
	44. Sainte-Marguerite	4 251	22 [illegible]	26 [illegible]	[illegible]
12	45. Bel-Air	1 441	7 890	9 331	[illegible]
	46. Picpus	6 160	23 769	29 929	[illegible]
	47. Bercy	926	4 45[illegible]	5 3[illegible]	[illegible]
	48. Quinze-Vingts	5 [illegible]	17 436	23 [illegible]	[illegible]
13	49. Salpêtrière	1 662	7 918	9 580	[illegible]
	50. Gare	7 217	21 [illegible]	28 [illegible]	[illegible]
	51. Maison-Blanche	6 334	20 180	26 514	[illegible]
	52. Croulebarbe	1 922	6 360	8 [illegible]	[illegible]

Arrondissements	Quartiers	Nombre de personnes habitant des logements surpeuplés	Nombre de personnes habitant des logements insuffisants	Nombre de personnes [illegible] des logements [illegible]	Pour 1 000 habitants, [illegible] des logements insuffisants
14	53. Montparnasse	[illegible]	[illegible]	[illegible]	[illegible]
	54. Santé	[illegible]	[illegible]	[illegible]	[illegible]
	55. Petit-Montrouge	[illegible]	[illegible]	[illegible]	[illegible]
	56. Plaisance	[illegible]	[illegible]	[illegible]	[illegible]
15	57. Saint-Lambert	6 167	29 [illegible]	26 [illegible]	694,3
	58. Necker	3 [illegible]	[illegible]	22 [illegible]	[illegible]
	59. Grenelle	6 [illegible]	19 [illegible]	23 710	[illegible]
	60. Javel	2 [illegible]	14 [illegible]	17 [illegible]	[illegible]
16	61. Auteuil	1 [illegible]	[illegible]	9 [illegible]	2[illegible],9
	62. Muette	1 [illegible]	[illegible]	[illegible]	222,[illegible]
	63. Porte Dauphine	472	[illegible]	[illegible]	146,2
	64. Chaillot (Anciens Bassins)	1 [illegible]	[illegible]	[illegible]	2[illegible]
17	65. Les Ternes	[illegible]	11 [illegible]	13 [illegible]	2[illegible]
	66. Plaine Monceau	[illegible]	7 [illegible]	[illegible]	[illegible]
	67. Batignolles	[illegible]	17 [illegible]	21.[illegible]	4[illegible]
	68. Épinettes	[illegible]	[illegible]	[illegible]	[illegible]
18	69. Grandes-Carrières	6 747	26 [illegible]	[illegible]	[illegible]
	70. Clignancourt	[illegible]	[illegible]	[illegible].193	[illegible]
	71. Goutte-d'Or	[illegible]	[illegible]	[illegible]	[illegible]
	72. La Chapelle	[illegible]	[illegible]	[illegible]	[illegible]
19	73. La Villette	[illegible]	21.262	[illegible]	618,2
	74. Pont-de-Flandre	2 620	6 627	9.247	577,6
	75. Amérique	[illegible]	13 77[illegible]	18 [illegible]	[illegible]
	76. Combat	[illegible]	26 [illegible]	[illegible]	61[illegible],3
20	77. Belleville	7 [illegible]	25.614	32.663	602,3
	78. Saint-Fargeau	1 [illegible]	[illegible]	10 211	[illegible]
	79. Père-Lachaise	6 [illegible]	22.153	28.[illegible]	[illegible]
	80. Charonne	[illegible]	21 [illegible]	26.957	6[illegible],1
	Totaux pour Paris	2[illegible]	[illegible]	1 1[illegible]	[illegible]

b) **Par quartiers :**

Dans chaque quartier, le tableau 14 donne le nombre de personnes vivant dans des logements surpeuplés ou insuffisants.

Dans cette étude du surpeuplement, on a négligé les garnis et hôtels meublés que la Préfecture de police surveille plus spécialement et on ne s'est attaché qu'à l'examen des maisons ordinaires qui présentent plus d'intérêt, à raison de la permanence de leur population.

Tous les quartiers de Paris peuvent être considérés comme surpeuplés, depuis la Porte Dauphine avec 146,2 p. 1000, jusqu'à la Villette avec 618,2 p. 1000.

Ainsi qu'il a été dit ci-dessus, dans les quartiers dits « très riches » ou « riches », les conditions d'habitabilité ne sont pas fidèlement révélées par le surpeuplement, à cause du personnel domestique *non surpeuplé par définition*, et qui cependant vit dans des conditions d'habitabilité insuffisantes. Cette observation explique que les quartiers dits « riches ou très riches », qui sembleraient *a priori* devoir montrer plus de résistance à l'invasion grippale, aient cependant enregistré de nombreux décès.

Les quartiers de Paris peuvent être classés, quant au surpeuplement, dans l'ordre ascendant suivant relevé au tableau n° 14 :

63.	Porte Dauphine	146,2	p. 1000.
29.	Champs-Élysées	160,3	—
32.	Europe	180,7	—
33.	Saint-Georges	197,7	—

[illegible]

Arrondissements	Numéros des quartiers	Noms des quartiers	[illegible]	[illegible]	[illegible]	[illegible]	[illegible]	[illegible]
1 Louvre	1	Saint-Germain-l'Auxerrois	[illegible]	[illegible]	[illegible]	[illegible]	[illegible]	
	2	Halles	[illegible]		[illegible]	[illegible]	[illegible]	
	3	Palais-Royal	[illegible]		[illegible]	[illegible]	[illegible]	
	4	Place Vendôme	[illegible]	[illegible]	[illegible]	[illegible]	[illegible]	[illegible]
2 Bourse	5	Gaillon		[illegible]	[illegible]	[illegible]	[illegible]	[illegible]
	6	Vivienne	[illegible]	[illegible]	[illegible]	[illegible]	[illegible]	[illegible]
	7	Mail	[illegible]	[illegible]	[illegible]	[illegible]	[illegible]	[illegible]
	8	Bonne-Nouvelle	[illegible]	[illegible]	[illegible]	[illegible]	[illegible]	[illegible]
3 Temple	9	Arts-et-Métiers	[illegible]	[illegible]	[illegible]	[illegible]	[illegible]	[illegible]
	10	Enfants-Rouges	[illegible]	[illegible]	[illegible]	[illegible]	[illegible]	[illegible]
	11	Archives	[illegible]	[illegible]	[illegible]	[illegible]	[illegible]	[illegible]
	12	Sainte-Avoie	[illegible]	[illegible]	[illegible]	[illegible]	[illegible]	[illegible]
4 Hôtel-de-Ville	13	Saint-Merri	[illegible]	[illegible]	[illegible]	[illegible]	[illegible]	
	14	Saint-Gervais	[illegible]	[illegible]	[illegible]	[illegible]	[illegible]	[illegible]
	15	Arsenal	[illegible]	[illegible]	[illegible]	[illegible]	[illegible]	[illegible]
	16	Notre-Dame	[illegible]	[illegible]	[illegible]	[illegible]	[illegible]	[illegible]
5 Panthéon	17	Saint-Victor	[illegible]	[illegible]	[illegible]	[illegible]	[illegible]	[illegible]
	18	Jardin-des-Plantes	[illegible]	[illegible]	[illegible]	[illegible]	[illegible]	[illegible]
	19	Val-de-Grâce	[illegible]	[illegible]	[illegible]	[illegible]	[illegible]	[illegible]
	20	Sorbonne	[illegible]	[illegible]	[illegible]	[illegible]	[illegible]	[illegible]
6 Luxembourg	21	Monnaie	[illegible]	[illegible]	[illegible]	[illegible]	[illegible]	[illegible]
	22	Odéon	[illegible]	[illegible]	[illegible]	[illegible]	[illegible]	[illegible]
	23	N.-Dame-des-Champs	[illegible]	[illegible]	[illegible]	[illegible]	[illegible]	[illegible]
	24	St-Germain-des-Prés	[illegible]	[illegible]	[illegible]	[illegible]	[illegible]	[illegible]
7 Palais-Bourbon	25	St-Thomas-d'Aquin	[illegible]	[illegible]	[illegible]	[illegible]	[illegible]	[illegible]
	26	Invalides	[illegible]	[illegible]	[illegible]	[illegible]	[illegible]	[illegible]
	27	École-Militaire	[illegible]	[illegible]	[illegible]	[illegible]	[illegible]	[illegible]
	28	Gros-Caillou	[illegible]	[illegible]	[illegible]	[illegible]	[illegible]	[illegible]
8 Élysée	29	Champs-Élysées	[illegible]	[illegible]	[illegible]	[illegible]	[illegible]	[illegible]
	30	Faubourg-du-Roule	[illegible]	67	[illegible]	[illegible]	[illegible]	[illegible]
	31	Madeleine	[illegible]	64	[illegible]	[illegible]	[illegible]	[illegible]
	32	Europe	[illegible]	[illegible]	[illegible]	[illegible]	[illegible]	[illegible]
9 Opéra	33	Saint-Georges	[illegible]	[illegible]	[illegible]	[illegible]	[illegible]	[illegible]
	34	Chaussée-d'Antin	[illegible]	[illegible]	[illegible]	[illegible]	[illegible]	[illegible]
	35	Faubourg-Montmartre	[illegible]	[illegible]	[illegible]	[illegible]	[illegible]	[illegible]
	36	Rochechouart	[illegible]	[illegible]	[illegible]	[illegible]	[illegible]	[illegible]
10 Enclos Saint-Laurent	37	St-Vincent-de-Paul	[illegible]	[illegible]	[illegible]	[illegible]	[illegible]	[illegible]
	38	Porte-Saint-Denis	[illegible]	[illegible]	[illegible]	[illegible]	[illegible]	[illegible]
	39	Porte-Saint-Martin	[illegible]	[illegible]	[illegible]	[illegible]	[illegible]	[illegible]
	40	Hôpital-Saint-Louis	[illegible]	[illegible]	[illegible]	[illegible]	[illegible]	[illegible]
11 Popincourt	41	Folie-Méricourt	[illegible]	[illegible]	[illegible]	[illegible]	[illegible]	[illegible]
	42	Saint-Ambroise	[illegible]	[illegible]	[illegible]	[illegible]	[illegible]	[illegible]
	43	Roquette	[illegible]	[illegible]	[illegible]	[illegible]	[illegible]	[illegible]
	44	Sainte-Marguerite	[illegible]	[illegible]	[illegible]	[illegible]	[illegible]	[illegible]
12 Reuilly	45	Bel-Air	[illegible]	[illegible]	[illegible]	[illegible]	[illegible]	[illegible]
	46	Picpus	[illegible]	[illegible]	[illegible]	[illegible]	[illegible]	[illegible]
	47	Bercy	[illegible]	[illegible]	[illegible]	[illegible]	[illegible]	[illegible]
	48	Quinze-Vingts	[illegible]	[illegible]	[illegible]	[illegible]	[illegible]	[illegible]
13 Gobelins	49	Salpêtrière	[illegible]	[illegible]	[illegible]	[illegible]	[illegible]	[illegible]
	50	Gare	[illegible]	[illegible]	[illegible]	[illegible]	[illegible]	[illegible]
	51	Maison-Blanche	[illegible]	[illegible]	[illegible]	[illegible]	[illegible]	[illegible]
	52	Croulebarbe	[illegible]	[illegible]	[illegible]	[illegible]	[illegible]	[illegible]

Arrondissements.	Numéros des quartiers.	Noms des quartiers.	Nombre de domestiques femmes.	Nombre de décès par grippe.	Population (dénombrement de 1891).	Sur 1 000 décès, combien par grippe.	Sur 10 000 habitants, combien de domestiques femmes.	Sur 10 000 habitants, combien de décès par grippe.
14e Observatoire	53	Montparnasse	861	100	32.9[illegible]	117,1	26[illegible],7	33,9
	54	Santé	5[illegible]7	[illegible]	33.[illegible]	2[illegible],6	176,9	20,6
	55	Petit-Montrouge	717	112	[illegible]	1[illegible],2	1[illegible],7	2[illegible]
	56	Plaisance	1.[illegible]	201	7[illegible].186	1[illegible]	170,1	25,6
15e Vaugirard	57	Saint-Lambert	1.026	180	52.901	17[illegible],[illegible]	19[illegible],[illegible]	34,0
	58	Necker	979	165	61.447	1[illegible],1	159,[illegible]	23,6
	59	Grenelle	667	[illegible]	42.172	95,7	166,2	15,9
	60	Javel	671	112	32.[illegible]	166,9	206,5	34,[illegible]
16e Passy	61	Auteuil	762	120	39.019	1[illegible],[illegible]	196,2	30,6
	62	La Muette	[illegible]27	142	[illegible].190	[illegible]	1[illegible],0	33,7
	63	Porte-Dauphine	482	98	30.196	[illegible]	102,3	32,1
	64	Chaillot	[illegible]	96	38.[illegible]	1[illegible],9	13[illegible]	24,9
17e Batignolles	65	Ternes	[illegible]	146	[illegible]	[illegible]	1[illegible],9	30,2
	66	Plaine-Monceau	[illegible]	100	[illegible]	2[illegible]	111,7	25,7
	67	Batignolles	[illegible]	149	60.874	166,[illegible]	142,9	2[illegible]
	68	Épinettes	[illegible]	200	61.106	217,9	1[illegible]	32,6
18e Montmartre	69	Grandes-Carrières	1.[illegible]	226	[illegible]	151,1	15[illegible],0	2[illegible]
	70	Clignancourt	1.[illegible]	315	11[illegible].219	168,5	162,[illegible]	27,2
	71	Goutte-d'Or	773	167	47.621	1[illegible]	162,1	30,7
	72	La Chapelle	[illegible]	57	2[illegible].926	140,7	136,0	22,0
19e Buttes-Chaumont	73	La Villette	836	17[illegible]	5[illegible].722	1[illegible]	163,7	32,6
	74	Pont-de-Flandre	296	6[illegible]	17.962	2[illegible]	165,7	37,7
	75	Amérique	567	[illegible]2	33.389	1[illegible],6	169,8	26,0
	76	Combat	[illegible]	133	50.491	1[illegible],6	167,[illegible]	26,1
20e Ménilmontant.	77	Belleville	1.100	126	57.922	115,[illegible]	190,9	21,8
	78	Saint-Fargeau	322	37	19.952	114,9	161,5	1[illegible]
	79	Père-Lachaise	1.086	2[illegible]	56.051	212,9	19[illegible],2	41,6
	80	Charonne	936	253	46.679	2[illegible],0	200,9	[illegible],1
		Totaux pour Paris	46.[illegible]	8.[illegible]	2.[illegible].[illegible]	182,6	160,9	29,3

31. Madeleine .... 207,9 —
66. Plaine Monceau .... 210,5 —
62. Muette .... 222,0 —
30. *Faubourg du Roule* .... 222,3 —
26. *Invalides.* .... 223,0 —
64. *Chaillot* .... 229,8 —
34. *Chaussée-d'Antin* .... 237,6 —
4. *Place Vendôme* .... 244,8 —
25. *Saint-Thomas-d'Aquin* .... 247,7 —
5. *Gaillon* .... 250,2 —
61. Auteuil .... 268,9 —
23. Notre-Dame-des-Champs .... 272,[illegible] —
36. Rochechouart .... 283,6 —
22. Odéon .... 285,6 —
35. Faubourg Montmartre .... 289,2 —
65. Les Ternes .... 290,5 —
37. Saint-Vincent-de-Paul .... 293,8 —
24. Saint-Germain-des-Prés .... 301,7 —
27. École Militaire .... 320,9 —
39. Porte Saint-Martin .... 325,4 —
38. Porte Saint-Denis .... 337,8 —
6. Vivienne .... 349,1 —
55. Petit-Montrouge .... 350,9 —
3. Palais-Royal .... 360,2 —
53. Montparnasse .... 372,2 —

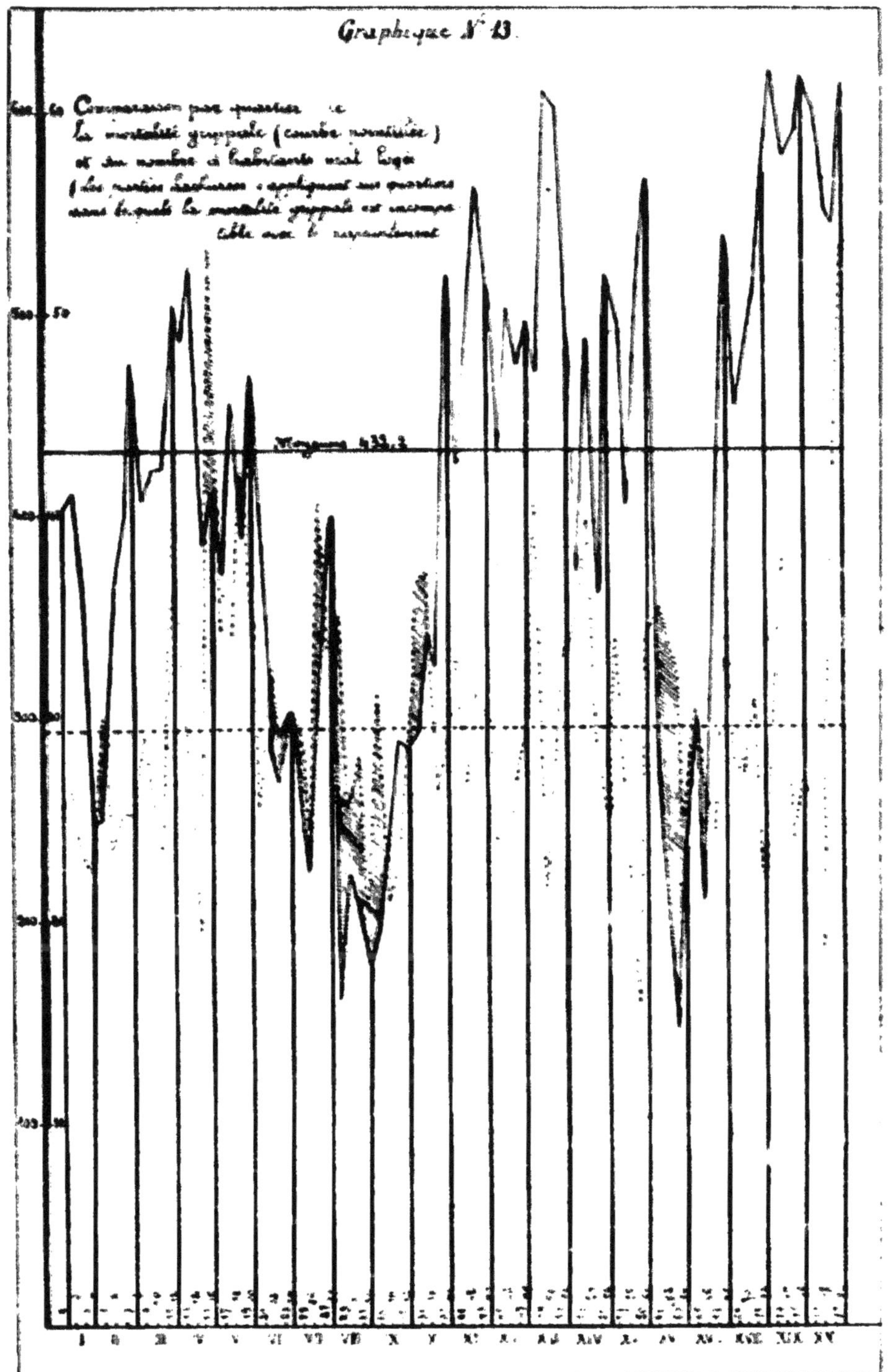
Graphique N° 13
Moyenne 433,2

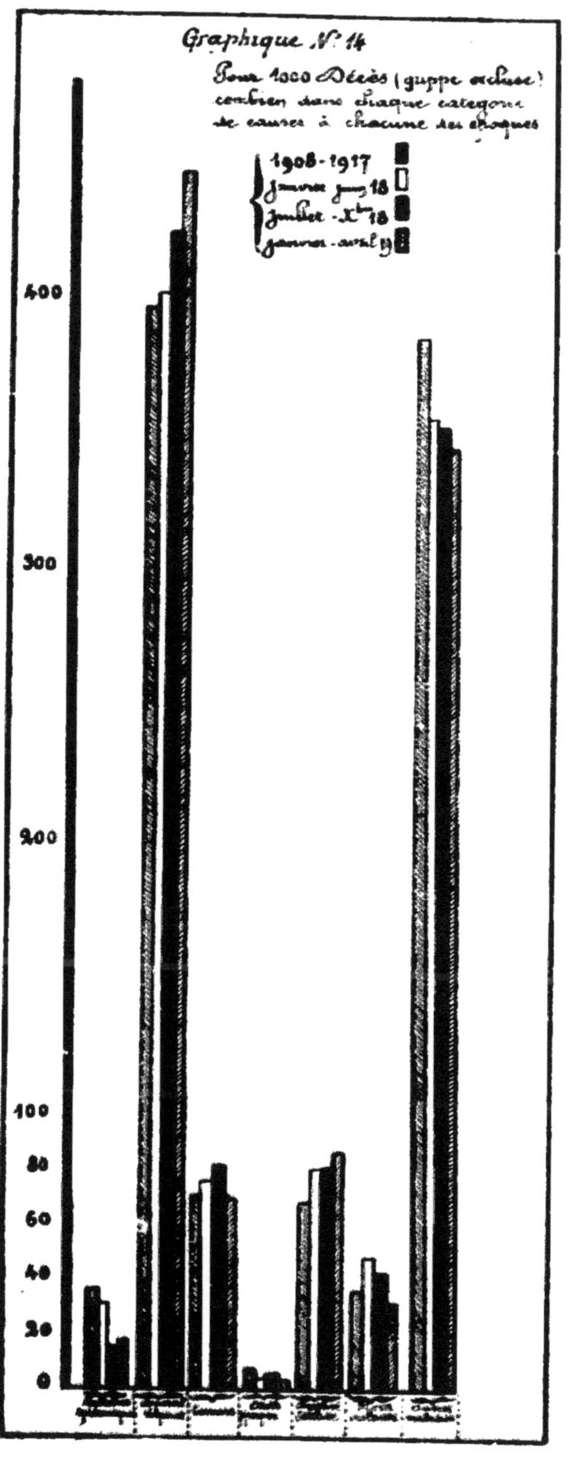
Graphique N° 14
Pour 1000 Décès (grippe exclue)
combien dans chaque catégorie
de causes à chacune des époques
1908-1917
Janvier juin 18
Juillet - Xbre 18
Janvier - avril 19
400
300
200
100
80
60
40
20
0

17.	Saint-Victor	372,8	—
67.	Batignolles	377,8	—
21.	Monnaie	384,8	—
15.	Arsenal	385,5	—
19.	Val-de-Grâce	389,6	—
7.	Mail	393,3	—
28.	Gros-Caillou	394,3	—
1.	Saint-Germain-l'Auxerrois	401,9	—
58.	Necker	405,0	—
9.	Arts-et-Métiers	406,8	—
16.	Notre-Dame	407,8	—
2.	Les Halles	411,9	—
10.	Enfants-Rouges	420,7	—
11.	Archives	422,7	—
41.	Folie-Méricourt	425,0	—
45.	Bel-Air	432,0	—
69.	Grandes-Carrières	455,1	—
18.	Jardin-des-Plantes	456,1	—
20.	Sorbonne	465,8	—
49.	Salpêtrière	471,8	—
8.	Bonne-Nouvelle	474,2	—
47.	Bercy	476,9	—
52.	Croulebarbe	481,1	—
70.	Clignancourt	485,9	
13.	Saint-Merri	486,1	—
42.	Saint-Ambroise	486,5	—
54.	Santé	487,1	—
57.	Saint-Lambert	493,3	—
48.	Quinze-Vingts	495,1	—
12.	Saint-Avoie	502,9	—
46.	Picpus	503,6	—
40.	Hospice Saint-Louis	510,6	—
44.	Sainte-Marguerite	512,7	—
59.	Grenelle	513,9	—
71.	Goutte d'Or	515,1	—
56.	Plaisance	518,8	—
14.	Saint-Gervais	523,8	—
68.	Épinettes	535,1	—
79.	Père-Lachaise	545,1	—
78.	Saint-Fargeau	556,6	—
43.	Roquette	562,0	—
60.	Javel	563,0	—
72.	La Chapelle	568,7	—
74.	Pont-de-Flandre	577,6	—
75.	Amérique	589,1	—
77.	Belleville	602,3	—
51.	Maison-Blanche	605,1	—
50.	La Gare	610,0	—
76.	Combat	616,3	—
80.	Charonne	617,1	—
73.	La Villette	618,2	—

D'autre part, le tableau n° 15 détermine les coefficients :

1° de la grippe par rapport aux décès, toutes causes réunies ;

2° de la mortalité générale par rapport au nombre d'habitants ;

3° de la mortalité grippale par rapport au même facteur.

Le graphique n° 13 établit la comparaison du surpeuplement et de la mortalité grippale.

Le parallélisme des courbes se remarque dans la plupart des quartiers. Toutefois, les quartiers réputés « riches » ou « très riches » révèlent un excédent considérable de mortalité grippale par rapport aux conditions d'habitation :

16 Notre-Dame.

19 Val-de-Grâce.

22 Odéon.

23 Notre-Dame-des-Champs.

24 Saint-Germain-des-Prés.

25-26-27 Tout le VIIe, moins le Gros-Caillou (normal) ; tout le VIIIe arrondissement.

33 Saint-Georges.

34 Chaussée d'Antin ; tout le XVIe arrondissement.

Décès par grippe par groupes

N° d'ordre	PROFESSIONS	De 0 à 2 mois. M.	De 0 à 2 mois. F.	De 3 à 11 mois. M.	De 3 à 11 mois. F.	De 12 à 23 mois. M.	De 12 à 23 mois. F.
1	Sans profession	—	—	—	—	—	—
2	Rentiers	—	—	—	—	—	—
3	Nomades	—	—	—	—	—	—
4	Détenus	—	—	—	—	—	—
5	Hospitalisés	—	—	—	—	—	—
6	Aliénés	—	—	—	—	—	—
7	Pêcheurs	—	—	—	—	—	—
8	Marins du commerce	—	—	—	—	—	—
9	Cultivateurs	—	—	—	—	—	—
10	Propriétaires, fermiers, métayers	—	—	—	—	—	—
11	Ouvriers et journaliers agricoles	—	—	—	—	—	—
12	Domestiques agricoles	—	—	—	—	—	—
13	Jardiniers	—	—	—	—	—	—
14	Mineurs	—	—	—	—	—	—
15	Carrier, ardoisier, plâtrier, saulnier	—	—	—	—	—	—
16	Industries mal définies	—	—	—	—	—	—
17	Surveillant, contre-maître, chef d'atelier, d'équipe	—	—	—	—	—	—
18	Meunier, minotier	—	—	—	—	—	—
19	Sucrerie, raffinerie de sucre	—	—	—	—	—	—
20	Distillateur, liquoriste, bouilleur	—	—	—	—	—	—
21	Brasseur, malteur	—	—	—	—	—	—
22	Boulanger, pâtissier	—	—	—	—	—	—
23	Confiseur, glacier, chocolatier	—	—	—	—	—	—
24	Charcuterie	—	—	—	—	—	—
25	Autres industries de l'alimentation	—	—	—	—	—	—
26	Tabacs	—	—	—	—	—	—
27	Poudres, explosifs	—	—	—	—	—	—
28	Allumettiers	—	—	—	—	—	—
29	Usines à gaz	—	—	—	—	—	—
30	Autres industries chimiques	—	—	—	—	—	—
31	Caoutchoutiers, gutta	—	—	—	—	—	—
32	Fabriques de papier, carton ; articles en papier	—	—	—	—	—	—
33	Relieurs, brocheurs	—	—	—	—	—	—
34	Imprimeur, lithographe, typographe, photograveur, graveur, dessinateur et écrivain lithographe	—	—	—	—	—	—
35	Photographe	—	—	—	—	—	—
36	Filature, corderie	—	—	—	—	—	—
37	Tissage	—	—	—	—	—	—
38	Apprêteur, blanchisseur de fil, imprimeur sur étoffes	—	—	—	—	—	—
39	Teinturier, dégraisseur	—	—	—	—	—	—
40	Bonnetier, tricoteur	—	—	—	—	—	—
41	Tulliste, dentellier (ère), brodeur (euse)	—	—	—	—	—	—
42	Passementerie, rubans, sparterie	—	—	—	—	—	—
43	Tapissier (ère), matelassier (ère)	—	—	—	—	—	—
44	Tailleur, confectionneur, costumier, giletier, culottier, apiéceur, pompier	—	—	—	—	—	—
45	Couturière, mécanicienne, stoppeuse, repriseuse, ravaudeuse, raccommodeuse	—	—	—	—	—	—
46	Lingère, corsetière, chemisière	—	—	—	—	—	—
47	Chapelier, casquettier, apprêteur en chapellerie	—	—	—	—	—	—
48	Modiste	—	—	—	—	—	—
49	Fleuristes, feuillagistes, fleurs et couronnes en perles	—	—	—	—	—	—
50	Blanchisseur (euse) de linge, repasseuse	—	—	—	—	—	—
51	Autres professions du travail des étoffes	—	—	—	—	—	—
52	Vannier	—	—	—	—	—	—
53	Plumassier, crins, poils, posticheurs, artiste en cheveux	—	—	—	—	—	—
54	Pelletier fourreur	—	—	—	—	—	—
55	Mégissier, tanneur, corroyeur, hongroyeur, chamoiseur, parcheminier, saleur de peaux, de cuirs, etc.	—	—	—	—	—	—
56	Sellier bourrelier, sellier-carrossier	—	—	—	—	—	—
57	Gainier, maroquinier, portefeuilliste, articles en cuir	—	—	—	—	—	—
58	Cordonnier, bottier, savetier, fabricants de chaussures	—	—	—	—	—	—
59	Galochier	—	—	—	—	—	—
60	Gantier	—	—	—	—	—	—
61	Scieur, découpeur, moulurier, toupilleur	—	—	—	—	—	—
62	Charpentier en bois	—	—	—	—	—	—
63	Menuisier, modeleur, parqueteur, rampiste	—	—	—	—	—	—
64	Charron, carrossier	—	—	—	—	—	—
65	Tonnelier	—	—	—	—	—	—
66	Sabotier	—	—	—	—	—	—
67	Bouchonnier, articles en liège	—	—	—	—	—	—
68	Ébéniste, chaisier, sculpteur sur bois, marqueteur	—	—	—	—	—	—

d'âges, sexe et professions.

TABLEAU 16

De 2 à 9 ans.		De 10 à 19 ans.		De 20 à 39 ans.		De 40 à 59 ans.		De 60 ans et plus.		Totaux.		Ensemble.
M.	F.	M.	F.	M.	F.	M.	F.	M.	F.	M.	F.	
—	—	152	299	87	78[illegible]	18	240	[illegible]	[illegible]	[illegible]	[illegible]	[illegible]
—	—	—	—	—	—	—	—	—	—	—	—	—
—	—	—	—	—	—	—	—	—	—	—	—	—
—	—	—	—	—	—	—	—	—	—	—	—	—
—	—	—	—	—	—	—	—	—	—	—	—	—
—	—	—	—	—	—	—	—	—	—	—	—	—
—	—	—	—	—	—	—	—	—	—	—	—	—
—	—	—	—	—	—	—	—	—	—	—	—	—
—	—	3	—	9	4	6	—	2	—	20	[illegible]	24
—	—	—	—	—	—	—	1	—	—	—	1	1
—	—	—	—	—	—	—	—	—	—	—	—	—
—	—	—	—	—	—	—	1	—	—	—	1	1
—	—	3	—	1	—	2	1	—	—	[illegible]	[illegible]	[illegible]
—	—	2	—	6	—	[illegible]	—	—	—	[illegible]	[illegible]	[illegible]
—	—	—	—	—	—	—	—	—	—	—	—	—
—	—	—	—	1	2	2	2	—	—	[illegible]	[illegible]	[illegible]
—	—	—	—	—	—	—	—	—	—	—	—	—
—	—	—	—	—	—	—	—	—	—	—	—	—
—	—	—	—	—	6	—	—	—	—	—	[illegible]	[illegible]
—	—	—	—	1	—	—	—	1	—	[illegible]	[illegible]	[illegible]
—	—	1	—	—	—	10	—	—	—	[illegible]	—	[illegible]
—	—	—	1	[illegible]	[illegible]	—	[illegible]	—	[illegible]	[illegible]	[illegible]	18
—	—	—	1	[illegible]	1	1	1	1	—	[illegible]	[illegible]	[illegible]
—	—	—	1	4	4	1	2	—	—	[illegible]	[illegible]	[illegible]
—	—	1	—	—	—	—	—	—	—	[illegible]	[illegible]	[illegible]
—	—	—	—	—	1	—	—	—	—	[illegible]	[illegible]	[illegible]
—	—	—	—	—	2	—	—	—	—	[illegible]	[illegible]	[illegible]
—	—	—	—	—	—	—	—	—	—	—	—	—
—	—	—	—	—	—	—	—	—	—	—	—	—
—	—	—	1	1	1	—	—	—	—	[illegible]	[illegible]	[illegible]
—	—	—	1	—	6	—	—	—	—	[illegible]	[illegible]	[illegible]
—	—	—	10	1	14 (?)	—	1	—	—	[illegible]	[illegible]	[illegible]
—	—	—	2	2	8 (?)	4	2	1	—	[illegible]	[illegible]	[illegible]
—	—	7	—	21	[illegible]	12 (?)	1	[illegible]	—	[illegible]	[illegible]	[illegible]
—	—	—	—	2	—	2	1	—	—	[illegible]	[illegible]	[illegible]
—	—	—	—	—	—	1	[illegible]	—	—	[illegible]	[illegible]	[illegible]
—	—	—	—	[illegible]	4	1	—	—	—	[illegible]	[illegible]	[illegible]
—	—	—	—	—	—	1	2	—	—	[illegible]	[illegible]	[illegible]
—	—	4	—	—	6	—	—	—	—	[illegible]	[illegible]	[illegible]
—	—	—	—	—	1	—	—	—	—	[illegible]	[illegible]	[illegible]
—	—	—	—	—	4	1	2	—	—	[illegible]	[illegible]	[illegible]
—	—	—	1	1	17	—	[illegible]	[illegible]	[illegible]	[illegible]	[illegible]	[illegible]
—	—	—	1	3	10 (?)	4	—	—	[illegible]	[illegible]	[illegible]	[illegible]
—	—	1	4	18	10 (?)	6	—	[illegible]	[illegible]	[illegible]	[illegible]	[illegible]
—	—	—	24 (?)	—	201 (?)	—	3 (?)	—	[illegible]	[illegible]	[illegible]	[illegible]
—	—	—	[illegible]	—	39	—	[illegible]	—	—	[illegible]	[illegible]	[illegible]
—	—	—	—	3 (?)	4	3 (?)	1	1	1	[illegible]	[illegible]	[illegible]
—	—	—	1	—	33	—	2	—	—	[illegible]	[illegible]	[illegible]
—	—	—	—	1	22	[illegible]	5 (?)	—	—	[illegible]	[illegible]	[illegible]
—	—	2	6	1	12 (?)	4 (?)	21	1	—	[illegible]	[illegible]	[illegible]
—	—	—	—	1	5 (?)	1	1	—	—	[illegible]	[illegible]	[illegible]
—	—	—	—	1	[illegible]	—	1	—	—	[illegible]	[illegible]	[illegible]
—	—	—	—	6	12	2	4	1	—	[illegible]	[illegible]	[illegible]
—	—	2	—	2	[illegible]	2	[illegible]	[illegible]	—	[illegible]	[illegible]	[illegible]
—	—	2	—	6	4	1	[illegible]	—	—	[illegible]	[illegible]	[illegible]
—	—	1	—	—	—	1	—	[illegible]	—	[illegible]	[illegible]	[illegible]
—	—	—	—	1	—	1	—	—	—	[illegible]	[illegible]	[illegible]
—	—	2	2	27	3 (?)	[illegible]	—	8 (?)	[illegible]	[illegible]	[illegible]	[illegible]
—	—	—	—	—	—	—	—	—	—	—	—	—
—	—	—	—	—	1	—	—	—	—	[illegible]	[illegible]	[illegible]
—	—	[illegible]	1	4	—	—	—	—	—	[illegible]	[illegible]	[illegible]
—	—	1	—	2	—	6	—	—	—	[illegible]	[illegible]	[illegible]
—	—	1	—	14	—	6	—	—	—	[illegible]	[illegible]	[illegible]
—	—	1	—	—	—	2	—	—	—	[illegible]	[illegible]	[illegible]
—	—	—	—	1	—	1	—	[illegible]	—	[illegible]	[illegible]	[illegible]
—	—	—	—	—	—	—	—	—	—	—	—	—
—	—	—	—	—	—	—	—	—	—	—	—	—
—	—	1	—	16 (?)	1	10 (?)	—	—	—	[illegible]	[illegible]	[illegible]

N° d'ordre	PROFESSIONS	De 0 à 2 mois.		De 3 à 11 mois.		De 12 à 23 mois.	
		M.	F.	M.	F.	M.	F.
69	Tourneur sur bois, os, etc.	—	—	—	—	—	—
70	Tabletier, boutonnier, nacrier, peignier, pipier	—	—	—	—	—	—
71	Brossier (balais, brosses, pinceaux, plumeaux)	—	—	—	—	—	—
72	Autres industries du bois (luthier, encadreur, treillageur, boisselier, rempailleur de chaises, etc.)	—	—	—	—	—	—
73	Ouvriers sur métaux (non spécifiés ci-dessous)	—	—	—	—	—	—
74	Fer et acier (hauts-fourneaux, forges, laminoirs, aciéries, ouvriers de forge)	—	—	—	—	—	—
75	Ferronnier, boulonnier, écroutier	—	—	—	—	—	—
76	Forgeron, forgeur, frappeur, daubeur	—	—	—	—	—	—
77	Maréchal ferrant	—	—	—	—	—	—
78	Coutelier, taillandier, ciselier	—	—	—	—	—	—
79	Meuleur, émouleur, aiguiseur, tailleur de limes	—	—	—	—	—	—
80	Tréfileur, chaînier, cloutier, pointier	—	—	—	—	—	—
81	Serrurier	—	—	—	—	—	—
82	Charpentier en fer, levageur	—	—	—	—	—	—
83	Tôlier	—	—	—	—	—	—
84	Armurier	—	—	—	—	—	—
85	Chaudronnier, riveur, teneur de tas	—	—	—	—	—	—
86	Fondeur, mouleur (fer, fonte, acier)	—	—	—	—	—	—
87	Mécanicien, constructeur, monteur ou conducteur de machines, machiniste	—	—	—	—	—	—
88	Chauffeur, chauffeur au gaz	—	—	—	—	—	—
89	Ajusteur, ajusteur mécanicien, ajusteur serrurier	—	—	—	—	—	—
90	Tourneur sur métaux, décolleteur	—	—	—	—	—	—
91	Electricien, électricienne	—	—	—	—	—	—
92	Fondeur, mouleur en bronze, cuivre, potier d'étain	—	—	—	—	—	—
93	Ciseleur, découpeur, estampeur, repousseur, monteur en bronze, cuivre, etc.	—	—	—	—	—	—
94	Polisseur (euse) sur métaux	—	—	—	—	—	—
95	Ferblantier lampiste, soudeur boîtier, étameur	—	—	—	—	—	—
96	Graveur sur métaux, argenteur, doreur, nickeleur, bronzeur sur métaux	—	—	—	—	—	—
97	Horloger, fabrique d'horlogerie	—	—	—	—	—	—
98	Horloger bijoutier	—	—	—	—	—	—
99	Orfèvre, bijoutier, joaillier, lapidaire, diamantaire	—	—	—	—	—	—
100	Tailleur de pierres, marbrier, granitier, ravaleur, piqueur de grès tailleur et rhabilleur de meules	—	—	—	—	—	—
101	Ornemaniste, stucateur, mouleur en plâtre, sculpteur sur pierre	—	—	—	—	—	—
102	Travaux publics, terrassier, puisatier, casseur de pierres	—	—	—	—	—	—
103	Distributions urbaines (eau, électricité) fontainier	—	—	—	—	—	—
104	Plombier, zingueur	—	—	—	—	—	—
105	Couvreur	—	—	—	—	—	—
106	Maçon, briqueteur, limousinant	—	—	—	—	—	—
107	Plâtrier, plafonneur	—	—	—	—	—	—
108	Paveur, carreleur, cimentier, asphalteur, mosaïste, bitumier, bétonnier	—	—	—	—	—	—
109	Fumiste, ramoneur, poêlier	—	—	—	—	—	—
110	Peintre, vitrier, afficheur, plâtrier-peintre, peintre en voitures, colleurs de papiers peints	—	—	—	—	—	—
111	Briquetier, tuilier, potier, céramiste, fours à chaux, plâtre, ciment	—	—	—	—	—	—
112	Faïencier, porcelainier, décorateur de porcelaines	—	—	—	—	—	—
113	Verrier	—	—	—	—	—	—
114	Miroitier, tailleur, décorateur de verres et cristaux, perles en verre, etc.	—	—	—	—	—	—
115	Emailleur	—	—	—	—	—	—
116	Autres industries des pierres et terres	—	—	—	—	—	—
117	Journalier, manœuvre	—	—	—	—	—	—
118	Commissionnaire, portefaix, docker, cireur, frotteur, débardeur, fort aux Halles, garçon de courses	—	—	—	—	—	—
119	Emballeur, layetier, paqueteuse	—	—	—	—	—	—
120	Magasinier, expéditeur, garçon de magasin et de bureau	—	—	—	—	—	—
121	Personnel des transports par terre	—	—	—	—	—	—
122	Charretier agricole	—	—	—	—	—	—
123	Charretier, roulier	—	—	—	—	—	—
124	Cocher, livreur, camionneur, déménageur, messager, voiturier	—	—	—	—	—	—
125	Chauffeur d'auto	—	—	—	—	—	—
126	Personnel des chemins de fer et tramways (sauf les mécaniciens et chauffeurs)	—	—	—	—	—	—
127	Mécanicien et chauffeur de chemin de fer	—	—	—	—	—	—
128	Navigation maritime (personnel non marin)	—	—	—	—	—	—
129	Navigation fluviale (marinier, batelier, passeur)	—	—	—	—	—	—
130	Navigation aérienne (aviateur, aéronautes, constructeur de ballons, aéroplanes)	—	—	—	—	—	—
131	Commerces divers non spécifiés	—	—	—	—	—	—

Tableau 16.

De 2 à 9 ans.		De 10 à 19 ans.		De 20 à 39 ans.		De 40 à 59 ans.		De 60 ans et plus.		Totaux		Ensemble
M.	F.	M.	F.	M.	F.	M.	F.	M.	F.	M.	F.	
—	—	4	—	8	1	6	—	2	—	[illegible]	1	19
—	—	—	—	2	1	—	—	1	—	—	1	4
—	—	—	—	1	1	1	1	—	—	2	2	4
—	—	1	—	—	1	1	2	2	—	4	1	7
—	—	2	—	3	—	1	—	—	—	6	—	6
—	—	—	—	—	—	—	—	—	—	—	—	—
—	—	—	—	—	—	—	—	—	—	—	—	—
—	—	—	—	1	—	8	—	1	—	10	—	10
—	—	—	—	2	—	1	—	1	—	4	—	4
—	—	—	—	2	—	—	—	—	—	2	—	2
—	—	—	—	4	1	1	—	2	—	[illegible]	1	[illegible]
—	—	—	—	—	—	1	—	1	—	2	—	2
—	—	3	—	3	—	1	—	2	—	[illegible]	—	9
—	—	—	—	—	—	—	—	—	—	—	—	—
—	—	4	—	3	—	2	—	—	—	9	—	9
—	—	2	—	8	—	4	—	4	—	18	—	19
—	—	1	—	6	—	4	—	—	—	[illegible]	—	1
—	—	—	—	1	—	—	—	1	—	2	—	2
—	—	13	—	44	—	25	—	4	—	86	—	86
—	—	—	—	1	—	2	—	—	—	3	—	3
—	—	1	—	7	—	1	—	—	—	11	—	11
—	—	—	—	2	—	1	—	—	—	3	—	3
—	—	2	—	12	1	4	—	—	—	18	1	19
—	—	—	—	1	—	2	—	—	—	3	—	3
—	—	1	—	5	—	2	—	—	—	8	—	8
—	—	2	—	2	11	2	—	2	—	8	11	19
—	—	—	1	10	9	4	—	1	—	15	10	25
—	—	—	—	8	3	4	2	2	—	14	5	21
—	—	—	—	9	2	4	—	2	—	15	2	17
—	—	—	—	—	—	—	—	—	—	—	—	—
—	—	2	1	7	6	6	—	—	—	15	7	22
—	—	—	—	1	—	1	—	2	—	4	—	4
—	—	—	—	4	—	—	—	—	—	4	—	4
—	—	—	—	3	—	1	—	2	—	6	—	6
—	—	1	—	4	—	4	—	—	—	9	—	9
—	—	2	—	1	—	5	—	2	—	10	—	10
—	—	4	—	4	—	18	—	2	—	28	—	28
—	—	—	—	—	—	—	—	—	—	—	—	—
—	—	1	—	—	—	—	—	—	—	1	—	1
—	—	—	—	3	—	1	—	1	—	5	—	5
—	—	4	—	5	—	7	—	—	—	16	—	16
—	—	—	—	17	—	13	—	6	—	36	—	36
—	—	—	—	—	—	1	—	—	—	1	—	1
—	—	—	1	—	—	—	—	—	—	—	1	1
—	—	—	—	4	—	1	—	1	—	6	—	6
—	—	—	2	1	—	2	—	1	1	4	[illegible]	7
—	—	—	—	—	—	—	—	—	—	—	—	—
—	—	—	—	—	—	—	—	—	—	—	—	—
—	—	34	28	93	[illegible]	76	[illegible]	28	26	231	[illegible]	[illegible]
—	—	1	—	2	—	10	—	1	—	21	—	21
—	—	1	—	2	—	3	—	—	—	6	—	6
—	—	—	—	8	—	12	—	5	—	25	—	25
—	—	—	—	2	—	2	—	3	—	9	—	9
—	—	—	—	—	—	—	—	—	—	—	—	—
—	—	2	—	1	—	2	—	—	—	5	—	5
—	—	6	—	16	—	14	—	1	—	[illegible]	—	[illegible]
—	—	[illegible]	—	[illegible]	1	25	—	6	—	[illegible]	1	[illegible]
—	—	—	1	[illegible]	19	21	1	4	—	[illegible]	21	[illegible]
—	—	—	—	—	—	—	—	—	—	—	—	—
—	—	—	—	—	—	1	—	—	—	1	—	1
—	—	1	1	4	1	3	—	1	—	11	—	12
—	—	—	—	1	—	—	—	—	—	1	—	1
—	—	4	12	26	[illegible]	28	19	6	4	[illegible]	[illegible]	[illegible]

N° d'ordre.	PROFESSIONS	De 0 à 2 mois.		De 2 à 11 mois.		De 11 à 23 mois.	
		M.	F.	M.	F.	M.	F.
132	Marchands de comestibles	—	—	—	—	—	—
133	Épicier (gros et détail)	—	—	—	—	—	—
134	Fruitier	—	—	—	—	—	—
135	Boucher, tripier, marchand d'abats	—	—	—	—	—	—
136	Débitants, cafetiers, limonadiers, marchands de vins au détail	—	—	—	—	—	—
137	Restaurateurs, aubergistes, hôteliers, logeurs	—	—	—	—	—	—
138	Cuisiniers (élèves), marmitons	—	—	—	—	—	—
139	Coiffeurs	—	—	—	—	—	—
140	Commissionnaires en marchandises, employés, courtiers, placiers, représentants et voyageurs de commerce	—	—	—	—	—	—
141	Marchands ambulants, forains, colporteurs, commerces et spectacles forains	—	—	—	—	—	—
142	Banques, assurances, agences	—	—	—	—	—	—
143	Avocats, agréés, jurisconsultes	—	—	—	—	—	—
144	Officiers ministériels, avoués, huissiers, notaires, syndics de faillite et leurs clercs	—	—	—	—	—	—
145	Cultes, prêtres, religieux, pasteurs	—	—	—	—	—	—
146	Personnel de service des établissements cultuels	—	—	—	—	—	—
147	Employé de bureau, caissier, comptable, teneur de livres	—	—	—	—	—	—
148	Architecte, arpenteur, géomètre, expert, métreur	—	—	—	—	—	—
149	Ingénieur, chimiste, dessinateur	—	—	—	—	—	—
150	Artiste, acteur, compositeur, musicien, peintre, sculpteur	—	—	—	—	—	—
151	Publiciste, homme de lettres, journaliste, traducteur, écrivain public	—	—	—	—	—	—
152	Médecin, chirurgien, docteur en médecine, interne, accoucheur	—	—	—	—	—	—
153	Dentiste, chirurgien dentiste	—	—	—	—	—	—
154	Sage-femme, accoucheuse	—	—	—	—	—	—
155	Vétérinaire	—	—	—	—	—	—
156	Pharmacien, herboriste, élève, garçon de laboratoire, préparateur en pharmacie	—	—	—	—	—	—
157	Personnel des hôpitaux, hospices, cliniques, asiles	—	—	—	—	—	—
158	Domestique dans un établissement commercial ou industriel	—	—	—	—	—	—
159	Domestiques attachés à la personne	—	—	—	—	—	—
160	Concierges	—	—	—	—	—	—
161	Garde, gardien, veilleur de nuit, garde-chasse	—	—	—	—	—	—
162	Armée de terre	—	—	—	—	—	—
163	Armée de mer	—	—	—	—	—	—
164	Administrations publiques non spécifiées	—	—	—	—	—	—
165	Police-prisons	—	—	—	—	—	—
166	Magistrats	—	—	—	—	—	—
167	Ponts et chaussées, voirie	—	—	—	—	—	—
168	Postes, télégraphes et téléphones	—	—	—	—	—	—
169	Enregistrement, contributions directes ou indirectes	—	—	—	—	—	—
170	Douanes	—	—	—	—	—	—
171	Personnel des établissements d'enseignement public et privé, sauf les instituteurs	—	—	—	—	—	—
172	Instituteurs publics ou privés	—	—	—	—	—	—
173	Eaux et forêts	—	—	—	—	—	—
174	Profession inconnue	—	—	—	—	—	—
0	Individus non dénommés	29	28	35	29	47	49
	Totaux { Masculins	29		35		47	
	Totaux { Féminins		28		29		49

TABLEAU 16

De 2 à 9 ans. M.	De 2 à 9 ans. F.	De 10 à 19 ans. M.	De 10 à 19 ans. F.	De 20 à 39 ans. M.	De 20 à 39 ans. F.	De 40 à 59 ans. M.	De 40 à 59 ans. F.	De 60 ans et plus. M.	De 60 ans et plus. F.	Totaux. M.	Totaux. F.	Ensemble.
—	—	—	—	—	—	—	—	—	—	—	—	—
—	—	—	—	—	2	1	—	—	—	1	—	[illegible]
—	—	—	—	1	—	1	—	—	—	2	—	2
—	—	4	—	12	9	12	—	—	1	[illegible]	[illegible]	[illegible]
—	—	3	—	45	20	26	19	—	[illegible]	94	[illegible]	[illegible]
—	—	1	1	1	1	—	1	1	—	[illegible]	[illegible]	[illegible]
—	—	3	1	10	110	7	45	1	6	[illegible]	[illegible]	[illegible]
—	—	—	—	—	—	—	—	—	—	—	—	—
—	—	20	43	295	[illegible]	124	18	[illegible]	4	[illegible]	[illegible]	[illegible]
—	—	—	—	—	—	—	—	—	—	—	—	—
—	—	—	—	1	—	4	—	—	—	[illegible]	—	[illegible]
—	—	—	—	5	—	1	—	—	—	[illegible]	—	[illegible]
—	—	—	—	3	—	3	—	2	—	12	—	12
—	—	—	—	1	17	1	[illegible]	4	2	[illegible]	[illegible]	[illegible]
—	—	2	—	—	—	—	—	—	—	2	—	2
—	—	—	1	24	24	13	[illegible]	6	—	43	[illegible]	[illegible]
—	—	3	—	6	—	2	—	2	—	13	—	[illegible]
—	—	3	—	22	1	14	—	2	—	41	1	42
—	—	—	—	16	15	4	1	1	2	27	18	[illegible]
—	—	—	4	—	28	—	4	4	—	11	14	[illegible]
—	—	—	—	[illegible]	—	2	—	4	—	11	—	[illegible]
—	—	1	—	—	2	—	—	—	1	1	[illegible]	[illegible]
—	—	—	—	—	—	—	—	—	1	—	1	1
—	—	—	—	—	—	—	—	—	—	—	—	—
—	—	—	—	2	4	2	3	—	—	4	[illegible]	11
—	—	4	3	14	[illegible]	[illegible]	17	1	2	26	118	[illegible]
—	—	3	—	4	254	1	[illegible]	—	—	[illegible]	[illegible]	[illegible]
—	—	2	19	[illegible]	[illegible]	1	44	1	[illegible]	19	[illegible]	[illegible]
—	—	—	2	—	[illegible]	[illegible]	[illegible]	—	[illegible]	21	[illegible]	[illegible]
—	—	2	—	—	—	—	—	—	—	[illegible]	—	[illegible]
—	—	—	—	64	—	1	—	2	—	[illegible]	—	[illegible]
—	—	—	—	2	—	1	—	—	—	[illegible]	—	[illegible]
—	—	—	—	[illegible]	4	28	4	11	—	[illegible]	16	[illegible]
—	—	—	—	[illegible]	—	8	—	—	—	17	—	17
—	—	—	—	1	—	1	—	—	—	[illegible]	—	—
—	—	—	—	—	—	4	—	—	—	[illegible]	—	[illegible]
—	—	2	1	16	[illegible]	11	1	2	—	[illegible]	[illegible]	[illegible]
—	—	—	—	1	—	—	—	—	—	1	—	[illegible]
—	—	—	—	1	—	—	—	—	—	1	—	1
—	—	—	—	9	28	4	9	—	1	[illegible]	[illegible]	[illegible]
—	—	—	—	1	2	1	—	1	—	[illegible]	2	[illegible]
—	—	—	—	—	—	—	—	—	—	—	—	—
—	—	—	—	20	—	[illegible]	[illegible]	—	—	[illegible]	[illegible]	[illegible]
135	149	—	—	—	—	—	—	—	—	[illegible]	[illegible]	[illegible]
135	149	343	[illegible]	1 256	[illegible]	530	[illegible]	[illegible]	[illegible]	[illegible]	[illegible]	[illegible]

65 Ternes.

66 Plaine Monceau.

Le cartogramme n° 1 figure tous les quartiers où la mortalité grippale n'obéit pas à la loi de l'influence du surpeuplement.

Son examen peut faire admettre *a priori* l'existence d'un foyer intense de grippe s'étendant sur les XVIe, partie du XVIIe et VIIIe arrondissements avec une corne vers le sud-est à travers le VIIe et à partir des VIe et V^e^ arrondissements. On s'explique mal la jonction entre le VIIe et le VIIIe, à travers le fleuve, alors que les quartiers populeux bordant directement le foyer : Batignolles, Rochechouart, Gros-Caillou restent indemnes.

Quelle est la valeur de cette hypothèse? Si l'on se reporte au tableau n° 15, on constate que la mortalité générale qui a été en moyenne à Paris pendant l'épidémie de 1918-1919 de 160,9 décès pour 10 000 habitants, lui a été nettement supérieure à :

Notre-Dame	Avec	223,9	p. 10 000.
Auteuil	—	190,2	—
Odéon	—	184,9	—
Val-de-Grâce	—	176,3	—
Saint-Germain-des-Prés	—	168,3	—

Dans tous les autres quartiers, elle est très inférieure et parfois plus faible que 100 p. 10 000.

De même, la part imputable à la grippe dans la mortalité générale, qui est en moyenne, pour Paris, de 29,3 p. 10 000, pendant la même période l'excède à :

Notre-Dame	Avec	54,0	p. 10 000.
Val-de-Grâce	—	41,5	—
Ecole Militaire	—	40,8	—
Auteuil	—	35,6	—
Champs-Elysées	—	35,1	—
La Muette	—	33,7	—
Odéon	—	32,6	—
Porte Dauphine	—	32,1	—
Saint-Georges	—	31,4	—
Les Ternes	—	30,2	—
Saint-Germain-des-Prés	—	29,9	—

Dans les 8 autres quartiers, elle est inférieure à la moyenne.

Il en résulte que, parmi des quartiers sévèrement touchés, s'intercalent d'autres faiblement atteints par la grippe, ce qui paraît exclure l'existence d'un foyer épidémique dont la caractéristique serait une constante concentrique s'atténuant de l'intérieur (foyer) jusqu'à la limite d'extinction.

Au contraire, l'hypothèse émise plus haut sur l'influence des conditions d'habitabilité relativement à la diffusion et la gravité de la grippe, se vérifie à nouveau. Les quartiers de la rive droite surtout, réputés riches ou très riches, où la domesticité est nombreuse, sont plus lourdement frappés.

On expliquera plus loin comment cette augmentation de la mortalité dans ces quartiers a atteint principalement la domesticité qui y vit.

5° *Mortalité grippale par professions.*

Existe-t-il une relation entre la profession exercée et la fréquence et la gravité de la grippe?

Le défaut de renseignements récents — résultant de l'ancienneté du dernier dénombrement — ne permet pas de donner à cette question une réponse absolument précise. Mais on a recherché les professions les plus atteintes en nombres absolus, et aussi l'âge auquel, par professions, les décès se sont produits en plus grande quantité.

Le tableau n° 16 décompose les décès par grippe entre 174 rubriques professionnelles classées par groupes d'âges et par sexe. On a exclu les enfants de zéro à neuf ans qui sont comptés sous le n° « zéro » « Non dénombrés » au point de vue professionnel.

Toutefois, ils sont compris dans les totaux d'ensemble.

La profession de beaucoup la plus éprouvée est celle des « domestiques » qui donne respectivement sous les

N° 148	431 décès.
N° 159	670 —

auxquels il y a lieu d'ajouter :

Concierges (n° 160)	150 —
Cuisinières (n° 138)	173 —
Au total	1.424 décès

dont 69 hommes et 1.355 femmes.

Puis vient celle des employés de tous genres, parmi lesquels les employés de commerce comptent 753 décès, dont 426 hommes et 327 femmes ; le personnel des hôpitaux, corporation pourtant peu nombreuse, 150 décès, dont 21 hommes et 129 femmes, auxquels on doit ajouter 24 décès de religieuses infirmières ou gardes-malades ; le personnel des chemins de fer — y compris celui du Métropolitain — 85 morts dont 64 hommes et 21 femmes ; le personnel des administrations publiques, 69 décès, dont 59 hommes ; le personnel de l'enseignement (N°s 171 et 172), 57 décès, dont 38 femmes ; et le personnel des P. T. T., 53 décès, dont 31 hommes et 22 femmes.

Les professions libérales sont peu éprouvées, ne fournissant plus de dix décès que dans les catégories des officiers ministériels et leurs clercs (12), des médecins ou chirurgiens (11), des herboristes (11).

Il en est de même des manœuvres, journaliers sans spécialité qui sont très nombreux et ne comptent que 542 décès dont 231 hommes et 311 femmes. Dans les métiers spécialisés, les professions exercées dans les locaux confinés, ateliers ou appartements présentent la plus forte mortalité. Ainsi les :

Mécaniciens, constructeurs ou monteurs	86
Cordonniers	50
Imprimeurs	47
Tailleurs	33
Ébénistes	32
Horlogers, bijoutiers, orfèvres	30

Dans les professions féminines, les couturières-confectionneuses présentent la plus forte mortalité : 430 décès, puis les blanchisseuses (186), les lingères (52), etc...

Quant à l'âge, les adultes des deux sexes de vingt à trente-neuf ans sont également ici les plus atteints.

En résumé, les professions exercées dans des locaux confinés fournissent le plus gros contingent de grippes mortelles, ce qui confirme l'influence du surpeuplement sur la gravité de la grippe et son développement.

Annexe au Paragraphe 5 :

De la mortalité grippale chez les domestiques.

Le grand nombre de décès relevés dans la catégorie des domestiques mérite d'arrêter un instant l'attention.

Comment se répartissent, sur le territoire de Paris, les 1.355 domestiques femmes victimes de la grippe ?

Le tableau n° 17 fait ressortir par arrondissement, quartier et grands groupes d'âges les décès causés par la grippe chez les cuisinières, domestiques, femmes de ménage et concierges.

Les arrondissements qui fournissent les plus gros contingents sont :

16e arrondissement	174 décès.
8e —	131 —
17e —	125 —
7e —	113 —
9e —	100 —
6e —	90 —
5e —	88 —

Décès par grippe, par quartier et par âge, chez les cuisinières, domestiques et concierges du sexe féminin.

Tableau 17.

Arrondissements	Numéros des quartiers	Noms des quartiers	De 10 à 19 ans	De 20 à 39 ans	De 40 à 59 ans	De 60 ans et plus	Totaux par quartier	Totaux par arrondissement
1 Louvre	1	Saint-Germain-l'Auxerrois	2	3	3	—	8	—
	2	Halles	3	11	3	—	17	—
	3	Palais-Royal	2	4	1	—	7	—
	4	Place Vendôme	—	5	2	—	7	39
2 Bourse	5	Gaillon	—	—	—	1	1	—
	6	Vivienne	2	2	2	—	6	—
	7	Mail	1	2	1	—	4	—
	8	Bonne-Nouvelle	—	6	2	—	8	19
3 Temple	9	Arts-et-Métiers	—	7	1	—	8	—
	10	Enfants-Rouges	—	4	1	—	5	—
	11	Archives	2	4	1	1	8	—
	12	Sainte-Avoie	—	1	3	—	4	25
4 Hôtel-de-Ville	13	Saint-Merri	1	4	3	1	9	—
	14	Saint-Gervais	1	12	3	1	18	—
	15	Arsenal	—	8	3	—	9	—
	16	Notre-Dame	1	13	4	2	22	58
5 Panthéon	17	Saint-Victor	4	8	2	—	14	—
	18	Jardin-des-Plantes	—	5	4	2	11	—
	19	Val-de-Grâce	—	33	9	2	44	—
	20	Sorbonne	1	11	6	2	20	89
6 Luxembourg	21	Monnaie	—	7	2	—	9	—
	22	Odéon	—	25	9	1	35	—
	23	Notre-Dame-des-Champs	—	15	5	2	22	—
	24	St-Germain-des-Prés	2	19	4	—	26	92
7 Palais-Bourbon	25	St-Thomas-d'Aquin	—	19	4	1	24	—
	26	Invalides	—	17	2	—	19	—
	27	École-Militaire	2	32	6	1	39	—
	28	Gros-Caillou	—	29	2	1	31	113
8 Élysée	29	Champs-Élysées	—	37	4	—	41	—
	30	Faubourg-du-Roule	3	21	1	—	25	—
	31	Madeleine	4	19	6	1	30	—
	32	Europe	6	24	2	1	33	129
9 Opéra	33	Saint-Georges	3	32	7	—	42	—
	34	Chaussée-d'Antin	—	16	4	1	21	—
	35	Faubourg-Montmartre	1	9	2	—	12	—
	36	Rochechouart	1	18	4	—	24	100
10 Saint-Laurent	37	St-Vincent-de-Paul	3	21	1	1	26	—
	38	Porte-Saint-Denis	2	12	1	1	16	—
	39	Porte-Saint-Martin	1	6	1	—	8	—
	40	Hôpital-Saint-Louis	—	8	3	1	12	62
11 Popincourt	41	Folie-Méricourt	3	4	2	2	11	—
	42	Saint-Ambroise	—	6	1	—	7	—
	43	Roquette	1	9	3	1	14	—
	44	Sainte-Marguerite	2	10	2	2	16	48
12 Reuilly	45	Bel-Air	—	1	6	—	7	—
	46	Picpus	—	5	6	—	11	—
	47	Bercy	—	—	1	—	1	—
	48	Quinze-Vingts	1	1[illegible]	1	—	1[illegible]	[illegible]
13 Gobelins	49	Salpêtrière	—	4	2	1	11	—
	50	Gare	1	1	1	—	[illegible]	—
	51	Maison-Blanche	2	—	1	—	10	—
	52	Croulebarbe	2	4	1	—	[illegible]	[illegible]

ARRONDISSEMENTS.	Numéros des quartiers	NOMS DES QUARTIERS	De 10 à 19 ans	De 20 à 29 ans	De 30 à 39 ans	De [illegible] ans et plus.	Totaux par quartier	Totaux par arrondissement
14 Observatoire.	53	Montparnasse	2	19	1	—	[illegible]	—
	54	Santé	—	6	[illegible]	—	[illegible]	
	55	Petit-Montrouge	1	[illegible]	1	1	[illegible]	
	56	Plaisance	1	[illegible]	4	4	[illegible]	42
15 Vaugirard.	57	Saint-Lambert	1	9	[illegible]	4	[illegible]	
	58	Necker	1	[illegible]	[illegible]	6	[illegible]	
	59	Grenelle	—	[illegible]	[illegible]	1	[illegible]	
	60	Javel	—	6	[illegible]	1	[illegible]	[illegible]
16 Passy.	61	Auteuil	4	28	6	—	38	
	62	La Muette	2	[illegible]	6	1	[illegible]	
	63	Porte-Dauphine	1	42	[illegible]	1	[illegible]	—
	64	Chaillot	[illegible]	19	[illegible]	—	[illegible]	170
17 Batignolles.	65	Ternes	1	[illegible]	[illegible]		[illegible]	—
	66	Plaine-Monceau	2	31	[illegible]	[illegible]	[illegible]	
	67	Batignolles	[illegible]	13	[illegible]	4	[illegible]	
	68	Épinettes	1	[illegible]	2	[illegible]	[illegible]	12[illegible]
18 Montmartre	69	Grandes-Carrières	1	[illegible]	[illegible]	[illegible]	[illegible]	
	70	Clignancourt	2	11	4	[illegible]	[illegible]	
	71	Goutte-d'Or	—	[illegible]	[illegible]	[illegible]	[illegible]	
	72	La Chapelle	1	1	[illegible]	[illegible]	[illegible]	[illegible]
19 Buttes-Chaumont.	73	La Villette	1	[illegible]	1	4	11	
	74	Pont-de-Flandre	—	2	1	1	[illegible]	
	75	Amérique	—	1	[illegible]	6	[illegible]	
	76	Combat	[illegible]	[illegible]	1	[illegible]	[illegible]	[illegible]
20 Ménilmontant.	77	Belleville	1		1	2	[illegible]	—
	78	Saint-Fargeau		[illegible]	2	[illegible]	[illegible]	
	79	Père-Lachaise	—	[illegible]	2	[illegible]	11	
	80	Charonne	1	[illegible]	1	1	[illegible]	[illegible]
		Totaux pour Paris	[illegible]	[illegible]	[illegible]	[illegible]	1[illegible]	—

10e — .... 68 —
4e — .... 58 —
18e — .... 58 —
11e — .... 53 —
15e — .... 51 —

Les 8 autres arrondissements ont moins de 50 décès.

Les arrondissements ayant plus de 100 décès sont des arrondissements réputés « très riches » ou « riches ».

Les quartiers les plus éprouvés au même point de vue sont :

La Muette .... 50 décès
Porte-Dauphine .... 49 —
Ternes .... 48 —
Val-de-Grâce .... 43 —
Saint-Georges 43
Champs-Elysées 41
Plaine Monceau 41
École militaire 39
Auteuil 38
Odéon 35
Europe 33
Chaillot 33
Gros-Caillou 31
Madeleine 30

tous quartiers « riches » ou « très aisés ».

Répartition des décès entre les causes principales : 1° pendant la période

Périodes		Fièvre typhoïde	Typhus exanthématique	Fièvre et cachexie paludéennes	Variole et Varioloïde	Rougeole	Scarlatine	Coqueluche	Diphtérie ou Croup	Grippe	Choléra asiatique	Choléra nostras	Autres maladies épidémiques	Total des maladies épidémiques	Tuberculose pulmonaire	Tuberculose des méninges
I	1908	217	—	6	5	507	226	235	197	171	—	1	135	1.736	10.402	1.056
	1909	260	—	11	4	598	157	200	258	272	—	2	224	1.894	9.879	1.007
	1910	148	—	4	18	737	75	239	290	124	—	3	153	1.918	9.971	1.169
	1911	471	—	4	5	909	111	269	275	229	—	22	212	2.310	9.764	1.124
	1912	259	—	9	7	925	205	272	276	142	—	1	199	2.294	9.523	997
	1913	201	—	5	1	776	107	317	187	160	—	1	142	1.977	9.298	1.008
	1914	475	1	7	3	513	59	[illegible]	134	150	—	16	176	1.532	9.476	934
	1915	194	—	—	—	380	128	223	132	90	—	4	121	1.274	9.080	935
	1916	195	—	5	1	691	95	402	137	192	—	9	113	1.819	9.067	904
	1917	162	—	—	—	396	78	124	194	127	—	2	106	1.390	7.632	960
	Totaux	2.317	1	33	55	6.321	1.231	2.621	2.079	1.665	—	60	1.369	18.160	93.494	10.049
	Pour 1000 décès combien ?	—	—	—	—	—	—	—	—	—	—	—	—	39,5	—	—
II Janvier à Juin 18	Totaux	70	1	1	12	233	25	250	82	60	—	1	51	777	4.509	536
	P. 1000	—	—	—	—	—	—	—	—	—	—	—	—	33,83	—	—
III Juillet à Décembre 18	Totaux	79	—	2	8	17	5	58	48	6.207	—	2	99	6.345	3.529	281
	P. 1000	—	—	—	—	—	—	—	—	—	—	—	—	241,53	—	—
IV Janvier à Avril 19	Totaux	53	—	2	5	111	18	32	38	2.268	—	1	47	2.574	2.906	267
	P. 1000	—	—	—	—	—	—	—	—	—	—	—	—	131,9	—	—
V Juillet 18 à Avril 19	Totaux	132	—	4	13	128	23	81	84	8.475	—	3	156	9.089	6.735	548
	P. 1000	—	—	—	—	—	—	—	—	—	—	—	—	195,6	—	—
I' 1908-1917	Totaux	2.317	1	33	55	6.321	1.231	2.621	2.078	—	—	60	1.369	16.495	—	—
	P. 1000	—	—	—	—	—	—	—	—	—	—	—	—	36,0	—	—
La grippe n'entrant pas en ligne de compte — II° Janvier-Juin 18	Totaux	70	1	1	13	233	25	250	82	—	—	1	51	717	—	—
	P. 1000	—	—	—	—	—	—	—	—	—	—	—	—	31,3	—	—
III° Juillet-Décembre 18	Totaux	79	—	2	9	17	5	58	48	—	—	2	99	[illegible]	—	—
	P. 1000	—	—	—	—	—	—	—	—	—	—	—	—	15,8	—	—
IV° Janvier-Avril 19	Totaux	53	—	2	5	111	18	33	36	—	—	1	47	306	—	—
	P. 1000	—	—	—	—	—	—	—	—	—	—	—	—	17,7	—	—
V° Juillet 18-Avril 19	Totaux	132	—	4	13	128	23	81	84	—	—	3	156	614	—	—
	P. 1000	—	—	—	—	—	—	—	—	—	—	—	—	18,16	—	—

écennale 1908-1917 ; 2° les périodes proépidémiques et épidémiques 1918-1919.

TABLEAU 18

Autres tuberculoses.	Bronchite aiguë.	Bronchite chronique.	Pneumonie.	Autres affections des voies respiratoires.	Total des maladies respiratoires.	Cancers et tumeurs malignes.	Septicémie puerpérale.	Autres accidents de la grossesse et de l'accouchement.	Total des accidents de grossesse et accouchements.	Débilité congénitale.	Sénilité.	Total des maladies constitutives.	Morts violentes et suicides.	Autres maladies.	Totaux.
914	333	878	1.587	4.923	20.093	3.080	213	98	311	1.191	1.732	2.923	1.756	18.298	58.168
799	308	873	1.929	6.932	19.729	3.050	217	85	302	1.198	1.865	3.063	1.780	18.656	58.105
653	313	662	1.521	6.354	19.673	3.073	192	78	270	1.327	1.763	3.070	1.739	17.252	55.915
696	295	695	1.653	6.683	18.891	3.203	237	117	354	1.440	1.902	3.342	1.942	18.958	58.962
391	324	615	1.649	6.910	19.519	3.230	195	122	317	1.360	1.755	3.115	1.979	17.603	57.039
884	249	343	1.339	5.262	17.339	3.212	150	124	274	1.250	1.703	2.953	1.919	16.939	54.626
398	216	648	1.361	4.322	18.073	3.225	175	111	286	1.372	1.954	3.326	1.861	17.667	53.972
681	289	688	1.726	3.392	18.091	3.357	96	53	129	498	2.147	3.045	1.196	17.081	52.068
706	295	719	1.297	6.217	18.905	3.554	106	44	150	904	2.359	3.263	1.230	16.629	54.550
992	285	875	1.411	5.167	16.992	3.596	101	51	152	959	2.522	3.481	1.171	18.105	56.597
.194	2.947	7.197	[illegible]	65.850	181.796	32.382	1.672	873	2.545	11.899	19.682	31.581	16.574	176.941	[illegible]
—	—	—	—	—	306,4	70,4	—	—	5,6	—	—	69,6	[illegible]	485,6	1000,00
837	153	379	829	2.574	9.206	1.732	70	17	87	632	1.214	1.846	1.106	8.198	22.972
—	—	—	—	—	400,65	76,27	—	—	3,79	—	—	80,65	[illegible]	356,86	1000,00
200	93	257	1.013	2.964	6.791	1.693	59	28	87	618	1.064	1.682	470	7.122	26.962
—	—	—	—	—	326,13	62,76	—	—	3,22	—	—	62,38	17,27	271,60	1000,00
236	112	415	690	3.955	7.681	1.206	60	19	79	594	1.003	1.597	[illegible]	[illegible]	19.512
—	—	—	—	—	393,7	61,8	—	—	3,9	—	—	70,8	27,1	405,8	1000,00
16	211	762	1.701	5.999	16.474	2.599	99	67	146	1.112	2.067	3.179	1.099	13.287	46.474
—	—	—	—	—	356,5	62,5	—	—	4,1	—	—	[illegible]	[illegible]	[illegible]	1000,00
—	—	—	—	—	181.796	32.382	—	—	2.545	—	—	31.581	[illegible]	[illegible]	[illegible]
—	—	—	—	—	306,8	70,7	—	—	5,6	—	—	68,1	36,00	388,00	1000,00
—	—	—	—	—	9.206	1.732	—	—	87	—	—	1.846	1.106	8.198	22.972
—	—	—	—	—	401,8	74,4	—	—	[illegible]	—	—	80,6	[illegible]	[illegible]	1000,00
—	—	—	—	—	6.791	1.693	—	—	87	—	—	1.682	[illegible]	[illegible]	[illegible]
—	—	—	—	—	123,6	61,6	—	—	3,2	—	—	61,1	[illegible]	[illegible]	1000,00
—	—	—	—	—	7.681	1.206	—	—	[illegible]	—	—	[illegible]	[illegible]	[illegible]	[illegible]
—	—	—	—	—	445,6	69,9	—	—	4,6	—	—	[illegible]	[illegible]	[illegible]	1000,00
—	—	—	—	—	16.474	2.599	—	—	146	—	—	[illegible]	[illegible]	[illegible]	[illegible]
—	—	—	—	—	434,5	76,4	—	—	4,2	—	—	[illegible]	[illegible]	[illegible]	1000,00

Enfin, du point de vue de la situation de famille, ces décès affectent :

825 femmes célibataires.
404 — mariées.
122 — veuves.
4 — divorcées.

Ces constatations conduisent à conclure :

1° que la mortalité élevée dans les quartiers dits « riches » résulte de la mortalité exceptionnelle de la catégorie des domestiques ou de celle de la partie de la population de ces quartiers qui n'est pas fortunée ;

2° que les conditions d'habitabilité de la domesticité ou de cette partie de la population y semblent, plus défectueuses que dans d'autres quartiers simplement réputés « aisés ».

6° *Nombre de décès par grippe suivant le lieu du décès.*

Le relevé des bulletins hebdomadaires, pour la période 30 juin 1918-26 avril 1919, donne, quant au lieu du décès, les résultats suivants :

LIEU DU DÉCÈS	MORTALITÉ GÉNÉRALE			PROPORTION POUR 1000 DÉCÈS		
	Domiciliés à Paris.	Domicil és hors Paris.	Ensemble.	Domiciliés à Paris.	Domiciliés hors Paris.	Ensemble.
A domicile	4.456	—	4.456	433,36	—	433,36
Dans les établissements de l'Assistance Publique	3.812	1.324	5.136	370,76	128,77	499,53
Dans les établissements privés	205	17	222	19,96	1,65	21,59
Hôpitaux militaires	—	462	462	—	44,93	44,93
Prisons	—	3	3	—	0,29	0,29
Totaux	8.473	1.806	10.281	824,25	175,76	1000, »

Le grand nombre de décès survenus dans les établissements de l'Assistance Publique et les établissements privés est un indice de la gravité de l'épidémie qui, dans presque la moitié des cas, a nécessité le transport du malade à l'hôpital.

De même, le chiffre important constaté dans les hôpitaux militaires révèle son action néfaste sur les individus en état de moindre résistance, quoique jeunes.

Enfin la faible densité des décès survenus dans les prisons milite en faveur de l'isolement et contre le surpeuplement.

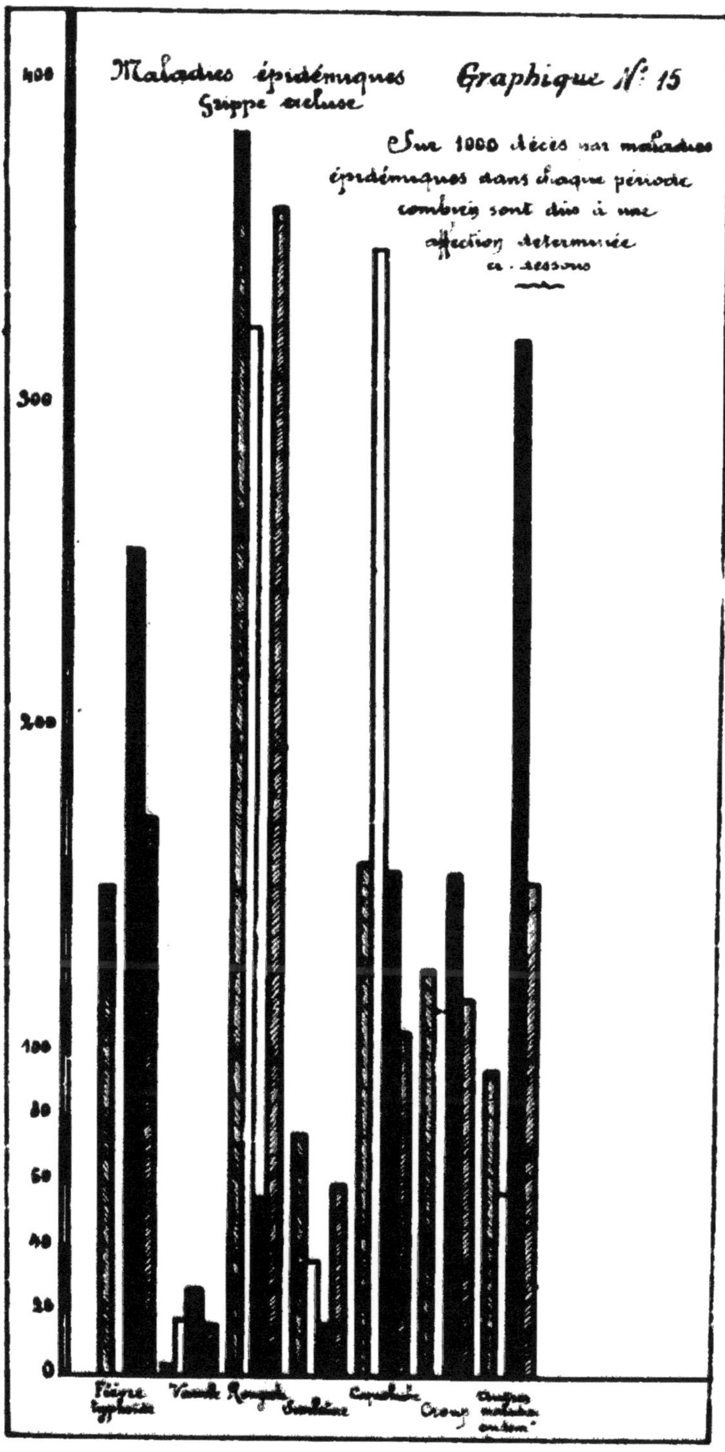
Maladies épidémiques
Grippe exclue
Graphique N° 15
Sur 1000 décès par maladies
épidémiques dans chaque période
combien sont dûs à une
affection déterminée
ci-dessous
400
300
200
100
80
60
40
20
0
Fièvre typhoïde
Variole
Rougeole
Scarlatine
Coqueluche
Croup
Autres maladies contag.

CHAPITRE II

INFLUENCE DE LA GRIPPE SUR LES AUTRES MALADIES

Ainsi qu'il a été observé plus haut, pour le deuxième semestre 1918, le nombre de decès dûs à toutes causes autres que la grippe a augmenté de 230 unités, par rapport à la moyenne decennale antérieure. Dans les quatre premiers mois de 1919, ces mêmes décès sont, en nombres absolus, inférieurs à cette moyenne.

Comment, pendant la période épidémique 29 juin 1918-26 avril 1919, se sont manifestées les affections mortelles autres que la grippe?

Dans le tableau n° 18, on a relevé tous les décès dûs à des :

a) maladies épidémiques (grippe incluse) ;
b) maladies des voies respiratoires ;
c) cancers et tumeurs malignes ;
d) septicémie et accidents puerpéraux ;
e) maladies constitutionnelles ;
f) morts violentes ;
g) autres maladies.

pour chacune des périodes suivantes :

I — Période décennale 1908-1917 ;
II — Période intermédiaire de janvier à juin 1918;
III — Période de développement et d'état critique de l'épidémie de grippe : juillet-décembre 1918 ;
IV — Période de décroissance de janvier à fin avril 1919;
V — Période totale d'épidémie : juillet 1918-avril 1919.

Ensuite, on a déterminé le coefficient de chacune de ces grandes catégories d'affections pour 1.000 décès, toutes causes réunies.

Pour mettre en évidence l'action de la grippe sur l'évolution des autres maladies, on a, dans la seconde partie du tableau n° 18, sous les rubriques I^b, II^b, III^b, IV^b, V^b, noté les mêmes résultats décès par grippe exclus.

Cette dernière série de nombres relatifs permet de construire le graphique n° 14, qui marque les différences pour 1.000 décès constatés pendant les périodes :

1908-1917 (colonnes hachurées de gauche à droite) ;
premier semestre 1918 (colonnes blanches) ;
deuxième semestre 1918 (colonnes noires) ;
trois premiers mois de 1919 (colonnes hachurées de droite à gauche).

a) *Maladies épidémiques :*

On observe, dans la période décennale antérieure, plus de decès imputables aux maladies épidémiques autres que la grippe. C'est le contraire qui est noté pendant la période critique (deuxième semestre 1918). Mais cette différence tend à s'atténuer dans les 4 premiers mois de 1919 où la grippe sévit encore cependant avec intensité.

La grippe semble donc avoir, durant toute cette période, dominé en partie les autres maladies épidémiques. Pourtant, un examen plus approfondi montre que cette constatation ne s'applique pas également à toutes les maladies épidémiques.

Du tableau n° 18, on extrait les données suivantes :

NATURE DE LA MALADIE	PÉRIODES				OBSERVATIONS
	1908 à 1917	Premier semestre 1918	Deuxième semestre 1918	Janvier à Avril 1919	
1° Mortalité globale.					
1° Fièvre typhoïde	2.417	70	79	53	
2° Typhus exanthématique	1	1	»	»	
3° Fièvre et Cachexie palustre	53	1	2	2	
4° Variole et Varioloïde	44	13	8	5	
5° Rougeole	6.221	244	17	111	
6° Scarlatine	1.231	23	4	18	
7° Coqueluche	2.621	256	48	33	
8° Diphtérie, Croup	2.078	82	48	36	
9° Choléra Nostras	60	1	2	1	
10° Autres maladies	1.569	41	99	47	
Totaux	16.5[illegible]	717	308	306	
2° Proportion pour 1000 décès.					
1° Fièvre typhoïde	152,52	97,63	256,5	173,2	
2° Typhus exanthématique	0,07	1,40	»	»	
3° Fièvre et Cachexie palustre	3,22	1,40	6,5	6,1	
4° Variole et Varioloïde	2,67	18,13	26, »	16,3	
5° Rougeole	394,20	340,31	55,2	362,9	
6° Scarlatine	77,69	46,87	13,2	58,8	
7° Coqueluche	165,39	148,70	155,8	107,8	
8° Diphtérie, Croup	125,90	114,36	155,8	117,7	
9° Choléra Nostras	3,82	1,40	6,50	3,3	
10° Autres maladies	99,10	57,18	321,4	153,6	
Totaux	1000, »	1000, »	1000, »	1000, »	

Ces résultats reportés au graphique n° 15 suivant la notation adoptée pour le n° 14, permettent les constatations suivantes :

1° La *Fièvre Typhoïde* est en recrudescence très marquée pendant toute la période épidémique, surtout durant le deuxième semestre 1918 où son coefficient 256,5 p. 1.000 est triple de celui du premier semestre.

De même, il est près du double pendant les 4 premiers mois correspondants de 1918.

La moyenne de la période épidémique (215 p. 1.000) est très supérieure à la moyenne décennale (152,58 p. 1000).

La grippe accentue notablement l'action de la fièvre typhoïde, mais ne l'absorbe pas.

2° Le *Typhus exanthématique* présente trop peu de cas pour une observation exacte.

3° Pour le *Paludisme*, la période épidémique de grippe donne un coefficient de 6,5 p. 1.000 au lieu de 3,22 pendant les dix années précédentes, soit le double.

Tout en lui conservant son caractère dominant, la grippe ajoute à l'action de la *cachexie paludéenne* et en double l'intensité.

4° La *Variole* ne cause pas de nombreux décès, même pendant l'épidémie grippale ; cependant, une petite poussée, qui éclôt dans le premier semestre 1918, n'est pas arrêtée par la grippe. Au contraire, elle se prolonge anormalement pendant dix mois avec une légère augmentation de vigueur.

Moyenne décennale	2,67	p. 1000
Moyenne 1er semestre 1918	18,13	—
Moyenne épidémique 1918-1919	21,20	

La grippe a donc peu d'action sur la variole.

5° Pour la *Rougeole*, il y a absorption presque complète. Après un début favorable en 1918, inférieur à la moyenne décennale dans le premier semestre 1918, la rougeole disparaît presque totalement durant la période critique de l'épidémie et se réduit au septième de la normale

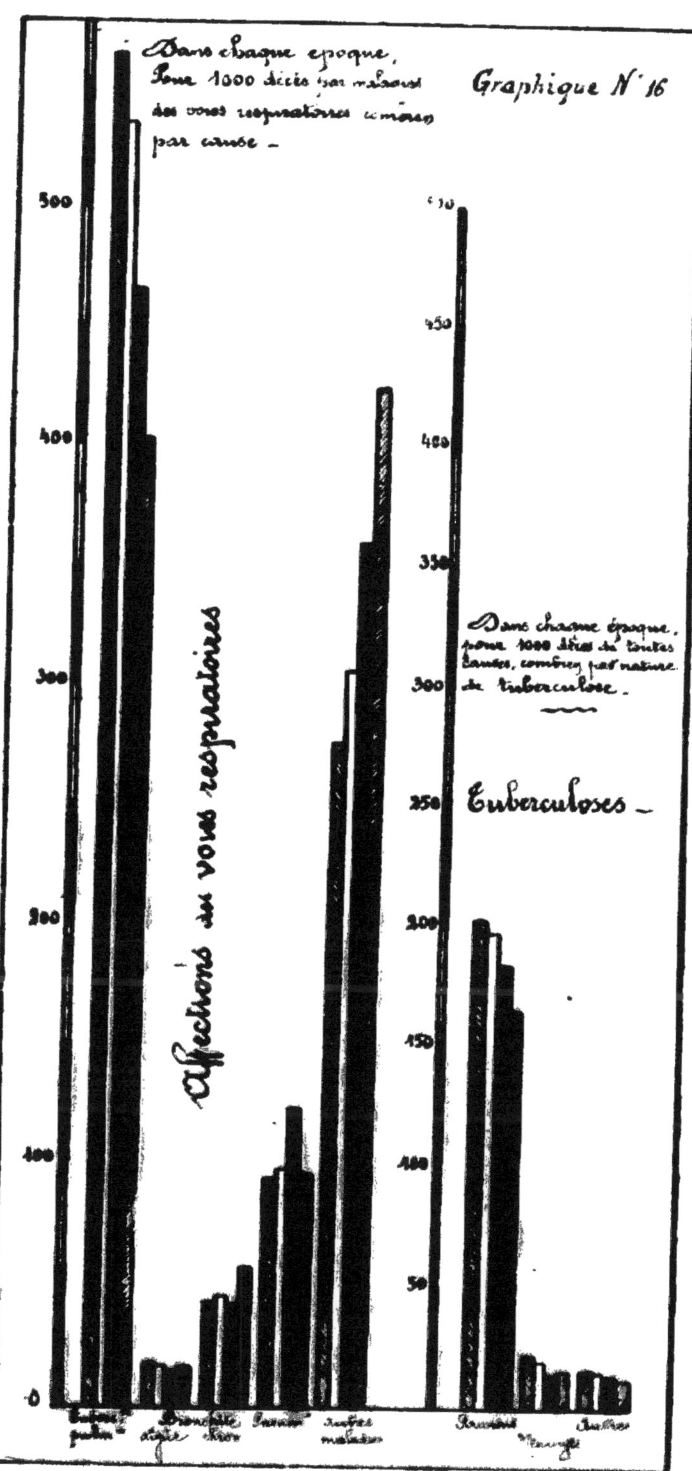

Dans chaque époque,
par cause –
Graphique N° 16
500
400
300
200
100
0
Affections des voies respiratoires
450
400
350
300
250
200
150
100
50
Dans chaque époque,
pour 1000 décès de toutes
causes, combien par nature
de tuberculose.
Tuberculoses –

La grippe fléchissant en 1919, la rougeole réapparait alors, se rapprochant de la normale des quatre premiers mois de 1919.

La grippe combinée à la rougeole domine cette affection. Les complications bronchiques qui se manifestent fréquemment dans cette dernière et restent le plus souvent anodines, semblent préparer un terrain favorable à l'invasion grippale qui hâte la fin en dominant nettement tous les autres phénomènes morbides.

6° *Scarlatine*. — Même phénomène d'absorption que pour la rougeole, mais la réduction des décès diagnostiqués n'est que du quart pendant la période d'activité de la grippe.

7° La moyenne des décès dûs à la *Coqueluche* pendant la période épidémique se rapproche de sa moyenne décennale, quoique lui étant légèrement inférieure, même au printemps où son action est, en général, le plus sensible. La grippe ne parait donc avoir aucune action sur elle.

8° La *Diphtérie* accuse une toute légère augmentation de décès dans le deuxième semestre 1918, puis la mortalité qui lui est imputable redevient normale.

Ici encore, pas d'action grippale bien nette.

9° Le *Choléra nostras* offre trop peu de cas pour tirer un enseignement.

10° Dans la catégorie *des autres maladies*, où domine l'*Erysipèle*, l'action de la grippe est très marquée. La moyenne pendant l'épidémie : 237,7 p. 1000 est deux fois et demie plus forte que la moyenne décennale. La mortalité suit la marche ascendante de celle de la grippe : 321, 5 p. 1000, pendant la période critique ; 153, 6 p. 1000, pendant la période décroissante.

La grippe semble ici s'ajouter aux autres affections, notamment à l'erysipèle, pour en activer les effets pernicieux.

b) *Maladies des voies respiratoires.*

La grippe détermine une recrudescence des maladies des voies respiratoires dans leur ensemble (tuberculoses, bronchites, pneumonies et autres affections). L'action n'est pas immédiatement subséquente.

C'est ainsi que les coefficients s'élèvent pendant la période de grippe épidémique, passant de la normale décennale 396,8 p. 1000 à 423,6 p. 1000 pendant la période critique et à 445,6 p. 1000 pendant la période de décroissance. L'écart constaté de 50 p. 1000 est obtenu en deux paliers sensiblement égaux et dans le même sens.

Comme pour les maladies épidémiques, on recherchera dans chacune des principales affections des voies respiratoires la marche de la mortalité.

Le tableau général n° 18 donne à cet égard :

NATURE DE LA MALADIE	PÉRIODES				OBSERVATIONS
	[illegible] à 1917	Premier semestre 1918	Deuxième semestre 1918	Janvier à Avril 1919	
1° Mortalité globale					
1° Tuberculoses pulmonaires	[illegible]	[illegible]	[illegible]	[illegible]	
2° Bronchites aiguës	2.947	164	[illegible]	112	
3° Bronchites chroniques	7.197	179	347	[illegible]	
4° Pneumonies	13.563	428	[illegible]	[illegible]	
5° Autres maladies des voies respiratoires (1)	[illegible]	2.574	[illegible]	[illegible]	
Totaux	[illegible]	[illegible]	[illegible]	[illegible]	
2° Proportion pour 1000 décès					
1° Tuberculoses pulmonaires	[illegible]	331,[illegible]	[illegible]	[illegible]	
2° Bronchites aiguës	[illegible]	17,»	12,»	[illegible]	
3° Bronchites chroniques	[illegible]	44,9	42,2	[illegible]	
4° Pneumonies	94,6	98,2	121,»	[illegible]	
5° Autres maladies des voies respiratoires (1)	[illegible]	[illegible]	[illegible]	[illegible]	
Totaux	1000,»	1000,»	1000,»	1000,»	

(1) Prédominance de la broncho-pneumonie et de la congestion pulmonaire.

Les résultats ci-dessus figurés au graphique n° 16 permettent les observations suivantes:

1° La tuberculose pulmonaire cause en temps normal plus de la moitié des décès constatés sous la rubrique générale « maladies des voies respiratoires ». Pendant l'épidémie de grippe, la mortalité décroit, de ce chef, constamment et assez rapidement.

On peut admettre que la grippe frappant les tuberculeux domine l'affection chronique et prend le caractère principal.

Cette constatation est corroborée par l'étude des décès occasionnés par toutes les tuberculoses par rapport à la mortalité générale. Le graphique annexé au n° 16 montre que l'épidémie de grippe fait diminuer la mortalité relative des tuberculoses du poumon et des méninges comme les autres.

Le tableau ci-dessous indique la relativité des décès tuberculeux par rapport à la mortalité générale, *grippe exclue.*

CAUSES DES DÉCÈS	PÉRIODES				OBSERVATIONS
	1906 à 1917	Premier semestre 1918	Deuxième semestre 1918	Janvier à Avril 1919	
Mortalité générale (grippe exclue)	[illegible]	22.912	20.7[illegible]	17.2[illegible]	
1° Tuberculose des poumons	[illegible]	[illegible]	[illegible]	[illegible]	
2° Tuberculose des méninges	19.049	446	281	287	
3° Autres Tuberculoses	7.196	337	200	236	
Totaux	119.707	[illegible]	[illegible]	[illegible]	
Proportion des Tuberculoses pour 1000 décès, grippe exclue.					
1° Tuberculose des poumons	204.1	196.9	184.5	164.5	
2° Tuberculose des méninges	20.9	19.[illegible]	13.4	15.64	
3° Autres Tuberculoses	[illegible]	14.7	13.69	13.68	
Totaux	241.7	230.5	211.5	[illegible]	

La mortalité totale par tuberculose suit donc une dégression constante qui prouve avec quelle vigueur la grippe atteint les tuberculeux et précipite leur mort.

2° Pour la *bronchite aiguë*, comme pour la tuberculose, la proportion des décès par bronchite décroit avec l'acuité de la grippe : les bronchites prennent des formes grippales et s'aggravent en conservant ou accentuant ce caractère.

3° Pour la *bronchite chronique*, même observation. On doit noter que dans les deux sortes de bronchites, l'affection normale recouvre sa vigueur avec la dégression de la grippe. Ce fait est flagrant dans la période de décroissance grippale marquée par une recrudescence bronchitique supérieure à la normale chez les chroniques.

4° La *pneumonie* suit la progression de la grippe : le nombre des cas croît avec l'intensité de l'épidémie observée, augmentant de près d'un tiers pendant la période très critique du deuxième semestre 1918.

5° Enfin, les *autres maladies des voies respiratoires*, bloquées conformément à la nomenclature internationale, suivent la marche de la grippe et continuent leur mouvement ascendant quand la grippe décroît. Dans ce groupe, la congestion, l'apoplexie pulmonaire et les broncho-pneumonies sont d'ailleurs des complications bronchiques de prédilection de la grippe qu'elle aggrave très rapidement et souvent les décès imputés à ces maladies sont en fait provoqués par la grippe.

e) *Cancers et tumeurs malignes.*

Les cancers et tumeurs malignes ne sont guère influencés par la grippe dont l'action est ici très limitée.

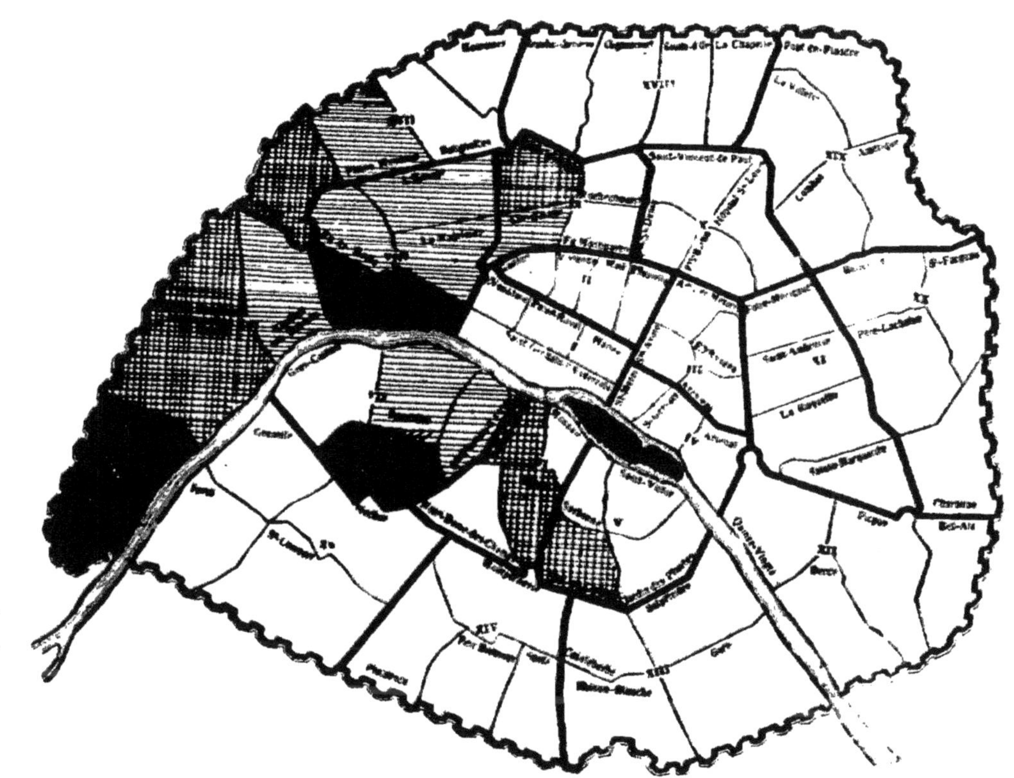

Quartiers où la grippe présente une mortalité incompatible avec le coefficient de surpeuplement
Voir page 78.

d) *Etats puerpéraux.*

La mortalité due à cette cause, peu fréquente ordinairement, semble encore rétrocéder en temps de grippe. Le petit nombre de cas ne permet pas de conclure. Peut-être les femmes enceintes ont-elles payé leur tribut à la grippe avant l'accouchement ; seule l'étude de la natalité et de la morti-natalité pendant la période d'épidémie renseignerait partiellement sur ce point.

e) *Débilité congénitale. — Vices de conformation. — Sénilité.*

Le nombre de décès de cette catégorie est en faible augmentation.

La moyenne décennale, 68,9 p. 1000, s'élève à 83,7 p. 1000 pendant l'épidémie avec maximum de 86,7 p. 1000 dans la période de décroissance.

Encore y a-t-il lieu de distinguer dans cette augmentation globale : celle qui est imputable à la débilité congénitale (qui frappe les enfants) et celle qui concerne la sénilité ?

Pour la première, on constate que la moyenne décennale 1189,9 n'est dépassée que de 60 unités en 1918 (632+618) = 1250.

La grippe paraît, au contraire, avoir eu une action directe dans l'élévation des décès dus à la sénilité. Cette action se prolonge le plus souvent après la période aiguë du mal et produit souvent des conséquences mortelles, surtout durant la convalescence toujours longue et difficile.

On rappellera qu'en outre la grippe a été diagnostiquée dans 534 décès de vieillards de 60 ans et plus.

f) *Morts violentes et suicides.*

Enfin, on ne relève pas d'influence de la grippe sur les morts violentes et suicides.

En résumé, la grippe a une action profonde sur l'état général des individus et sur les autres affections qui les frappent.

Dans ce cas, cette action est tantôt prépondérante jusqu'à faire disparaître les caractères distinctifs des maladies préexistantes, comme il a été observé pour la rougeole, les tuberculoses, etc...., tantôt accessoire, en aggravant seulement les effets de ces maladies.

Cette action est surtout remarquable dans les affections des voies respiratoires dont les coefficients subissent une progression rapide (pneumonies, broncho-pneumonies, congestions pulmonaires).

Il serait intéressant de rechercher l'influence de l'épidémie de grippe sur la natalité et la morti-natalité. Mais celle-ci se faisant sentir longtemps après la période aiguë et, de plus, pouvant se produire à tous les moments de la gestation, les constatations ne sont pas encore possibles.

d) *États puerpéraux.*

La mortalité due à cette cause, peu fréquente ordinairement, semble encore rétrocéder en temps de grippe. Le petit nombre de cas ne permet pas de conclure. Peut-être les femmes enceintes ont-elles payé leur tribut à la grippe avant l'accouchement ; seule l'étude de la natalité et de la morti-natalité pendant la période d'épidémie renseignerait partiellement sur ce point.

e) *Débilité congénitale. — Vices de conformation. — Sénilité.*

Le nombre de décès de cette catégorie est en faible augmentation.

La moyenne décennale, 68,9 p. 1000, s'élève à 83,7 p. 1000 pendant l'épidémie avec maximum de 86,7 p. 1000 dans la période de décroissance.

Encore y a-t-il lieu de distinguer dans cette augmentation globale : celle qui est imputable à la débilité congénitale (qui frappe les enfants) et celle qui concerne la sénilité.

Pour la première, on constate que la moyenne décennale (1189,9) n'est dépassée que de 60 unités en 1918 (632+618) = 1250.

La grippe paraît, au contraire, avoir eu une action directe dans l'élévation des décès dus à la sénilité. Cette action se prolonge le plus souvent après la période aiguë du mal et produit souvent des conséquences mortelles, surtout durant la convalescence toujours longue et difficile.

On rappellera qu'en outre la grippe a été diagnostiquée dans 534 décès de vieillards de 60 ans et plus.

f) *Morts violentes et suicides.*

Enfin, on ne relève pas d'influence de la grippe sur les morts violentes et suicides.

En résumé, la grippe a une action profonde sur l'état général des individus et sur les autres affections qui les frappent.

Dans ce cas, cette action est tantôt prépondérante jusqu'à faire disparaître les caractères distinctifs des maladies préexistantes, comme il a été observé pour la rougeole, les tuberculoses, etc...., tantôt accessoire, en aggravant seulement les effets de ces maladies.

Cette action est surtout remarquable dans les affections des voies respiratoires dont les coefficients subissent une progression rapide (pneumonies, broncho-pneumonies, congestions pulmonaires).

Il serait intéressant de rechercher l'influence de l'épidémie de grippe sur la natalité et la morti-natalité. Mais celle-ci se faisant sentir longtemps après la période aiguë et, de plus, pouvant se produire à tous les moments de la gestation, les constatations ne sont pas encore possibles.

TABLE DES MATIÈRES

TABLEAUX

GRAPHIQUES

5736. — Imp. des Beaux-Arts, 79, Rue Dareau, Paris.

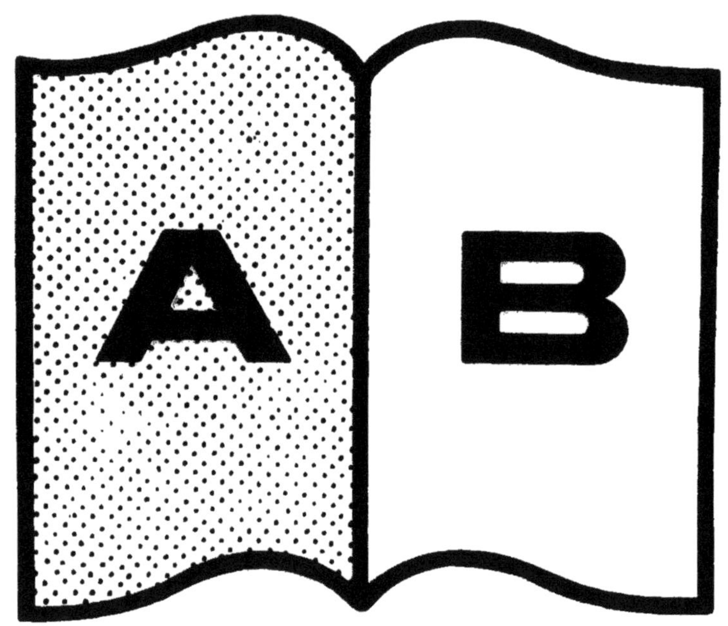

Contraste insuffisant

NF Z 43-120-14

www.ingramcontent.com/pod-product-compliance
Ingram Content Group UK Ltd.
Pitfield, Milton Keynes, MK11 3LW, UK
UKHW020327250726
13967UKWH00004B/1900